JN000172

行くな、行けば死ぬぞ！

―福島原発と消防隊の死闘―

中澤　昭

近代消防社

はじめに

福島第一原発の原子炉冷却に、東京消防庁の消防隊の出動が決まったと言うニュースがテレビで流れた。

「なぜ東京の消防隊が出動するのか……？」

消防ＯＢの一人として素朴な疑問と同時に、「やはり出動せざるを得ないのか」と言う気持ちや、「大丈夫かな……」と言った複雑な感情を抱きながらもテレビ画面を凝視していた。

テレビではキノコ雲のような黒い煙が立ちあがり、さらに第二、第三の原子炉爆発の危険が高まっているとの情報も流れている。

法律では、原子力被害の対応は「国と事業者の責務」を前提としている。

だが、福島原発は、地震と津波で原子炉の「全電源喪失」という最悪の事態をきたし、安全の基本でもある原子炉を冷やすと言う術を失っていた。今、目の前で現実に起きている暴走を止めるには、もはや「国や事業者である東京電力」だけに頼らず、「消防ポンプ車による放水冷却しかない」と国の対策本部は決めた。

日本の最高の科学技術と頭脳を結集して造った原発を、ただ「冷やす」ためだけに東京から消防車が出動するとは、誰が想像しただろうか。


この時、私は、戦争末期に「国策」と言う名のもとに、皇居を空襲から死守すべく任務を命じられた「特別消防隊員」が、空襲による皇居の火災の消火活動中に多くの殉職者を出した史実を「皇居炎上」と題して執筆をする準備を始めていた時であった。

そのためか、原発施設や放射能などに対する専門的な教育や訓練を受けず、原発災害や事故に対応出来る特殊装備も乏しい消防隊の活動は、私には、正に「国策」として、劣悪な態勢のまま空襲火災と死闘を余儀なくされた「特別消防隊」と二重写しになって見えた。

「安全と水はタダ」と言う日本の「安全神話」がもろくも崩壊した瞬間でもあったと私なりには感じとれた。

私はテレビ画面を見ながら、もし「君も行ってくれ……」と上司から言われたら、私はどうしただろうかと自分自身へ問いかけ、その答えを探しあぐみ、返答の言葉がうかんでこなかった。

はじめに

「日本の国運がかかっている」

消防総監の訓示を受け、冷却放水を担う消防部隊が東京を出発して行った。私は「ついに行ったか」と複雑な気持ちで一人、テレビを見ていた。

そして翌日、待ちに待った「冷却放水成功」の吉報がニュース速報として流れ、その日の深夜、消防隊長の記者会見が行われ、その模様がテレビ中継された。

その時、テレビに映し出された隊長の一人が、私が勤務している消防署へ消防学校を卒業してきた新拝命の若き消防官であったことを初めて知った。そして私に向かって「特別救助隊員になりたいです」と強い口調で言い切った、当時の彼の若かりし頃を思い起こさせた。

その時、私は無性に「彼に会って話を聞きたい」と思った。

消防OBとして「私だったらどうしただろうか」と自分自身に問いかけていた答えに探しあえるかもしれないと言う気持ちにさせられた。

だが、「皇居炎上」の執筆のこともあり、隊長との再会の時期は、福島原発に関する一連の事態が収まった頃にしようと自分勝手に決め、私はその時を密かに待つことにした。

震災から時が経ち、執筆中であった「皇居炎上」の脱稿の目安ができた頃には、福島原発への関心も、原子炉の爆発から放射能汚染の問題へと移り、後輩達の体験を聞く時が来たと私が勝手に決め、隊長を初め、多くの消防官達の経験談を聞き始めた。

時を経たせいか、同じ釜の飯を食べた仲間同士と言う気安さからか、後輩達は快く体験談を語ってくれた。その時のメモ帳には判読困難な殴り書きされた文字の中に「行くな、行けば死ぬぞと助言」とか「私の寿命が五年や十年短くなっても、子や孫達のためになるならば私は行く」とも書いてあった。

人間は極限状態に至った時には、その人の強さや弱さ、あるいは思わぬ本性をさらけ出すと言うことを。又、命令を出す人と受ける人など、それぞれの立場や状況次第で、ものの見方や捉え方も当然のように異なることを後輩達から改めて教えられた。

誤字脱乱雑な文字で記されたメモ帳を、繰り返し、何度も見ているうちに、「何も、今更」と言う思いがあったが、知られざる消防官の素顔を少しでも知ってもらいたいと言う気持ちとなっていた。

よって、本書はあくまでも、「3・11東日本大震災」の時、東京消防庁が地震災害と戦った消防官達の活動の一部だが、消防OBとして是非とも、消防官が災害現場で何を思い、どんな気持ちをもって活動をしているのかを知っていただきたいと言う思いで書き記したものである。

今もどこかでサイレンを鳴らしながら、救急現場や災害現場へ急行する消防隊員がいる。彼らは決して万能なスーパーマンではない。市民と同じ人間なのだ。

目　次

序章

「地震に強い東京になれるチャンスは二度あった」

一度目のチャンスは大正一二年の「関東大震災」、二度目は昭和二〇年の「東京大空襲」の戦災であったと、多くの防災関係者らは言う。

一度目の震災後の防災都市造りでは、都心部を中心にレンガ造りの建物不燃化と道路拡張工事が進められたが、世界恐慌と列国による軍拡競争により軍備優先の巨額な財政負担がネックとなり、都市整備計画は道なかばにして未完成のままに終わった。

空襲で焼け野原になった東京の二度目の復興事業は、国民の生活困窮の救済が最優先となり、防災都市計画は復興と言う名の陰に置き去りにされ、いたる所に災害発生危険が潜む脆弱な過密都市へと変貌していったのである。

昭和二〇年、米軍の空爆で東京は焦土と化し、皇居も全焼した。そして日本は戦争に敗れた。だが、「もはや戦後ではない」と言われた昭和三〇年代、日本は高度成長へとスタートダッシュをかけ、敗戦国日本は世界列国が驚嘆する経済大国へと発展した。正に日本は敗戦の荒廃から蘇ったフェニックスであった。しかし、急速な日本経済の拡大は、随所にゆがみやひずみを生みだす事になる。

堪えがたきを堪え、忍びがたきを忍んでの困窮生活から抜け出し、繁栄を実感した国民は「我が世の春」を謳歌し、「消費は美徳」といった言葉も生まれる大量生産・大量消費時代を迎えた。そして、その反動としてゴミ戦争や大気汚染などの各種公害が深刻化し、都市改造も、「より高くより速く」が優先され、地震国日本の安全が危惧される列島改造が推し進められていった。

昭和三四年、スポーツの祭典・オリンピックがアジアで最初に開催される都市が東京と決まり、東京は世界の〝トウキョウ〟となるべく、破壊と建設に拍車がかかった。そして、東京は一夜にして新たな姿に変貌し、近代的都市へと生まれ変わろうとしていた。

「これでいいのか」

学識経験者の中には、安全を軽視して急ピッチで改造される東京の姿に疑問視する人たちもいた。そして、警察部門から独立して自治体消防として生まれ変わった新生東京消防庁も、空襲火災で首都東京を守り切れなかった失敗を思いおこし、安全対策が後追いをせざるを得ない都市改造の現実に危機感を抱いていた。

多くの殉職者を出し、「消防は負けた」と空襲火災に完敗した事実を自認した帝都消防は、その完敗をした最たる原因が「科学消防の軽視であった」と自戒し、新生東京消防庁のめざす道は科学消防にあると悟った。だが、占領軍による戦後の行政大改革で帝都消防は大量の人員削減が強要され、高級官僚からは「消防手には、手さえあればいい、頭はいらぬ」と言う屈辱的な発言も浴びされるなど、自治体消防へと組織制度が変り東京消防庁となったとは言え、旧態依然たる「火消し屋」と揶揄され、都市の安全を基本に審議されるべき都市計画策定の参画メンバーに加わることなく、東京消防庁は蚊帳の外におかれるなど、消防は行政的にもその権限や地位は決して高いとは言えなかった。

ちなみに、消防の意見を都市開発に反映させることが実現したのは、終戦から三〇年を経た昭和五〇年に、「都市計画審議会」のメンバーに消防が参画するようになってからであった。

空襲火災で完敗した東京消防庁は、「失敗に学べ」を教訓に「科学消防」への道を模索していった。

戦災復興で都市改造が進められて来た昭和三〇年、東京消防庁は「火消し屋」から脱皮し「科学消防」への扉をこじ開ける施策を決めたのである。その施策は、火災予防対策を科学的に検討するために学識経験者らをメンバーとする「火災予防対策委員会」を設立し、識者の意見を広く求め消防行政に生かす事にしたのである。この委員会こそが、国や都が手をこまねいていた地震国日本の最大の課題であった地震対策の先鞭をつけ、震災対策を推進する強力な原動力となった。

委員会が発足して四年目、東京大学地震研究所長の河角廣博士を委員長とする「地震小委員会」を立ち上げ、都市工学的見地から本格的な地震対策の研究を始めたのである。そして、昭和三六年七月、二年間にわたる地震対策の研究結果が「東京都の大震火災被害の検討」と題した報告書にまとめられた。

これが「地震被害想定」を初めて科学的に分析された画期的なものとなった。

「東京が火の海に」

報告書の内容は、もし東京に関東大震災級の地震が起きたら「東京は五時間で火の海になってしまう」と言うものであった。

あまりにもショッキングな内容であったため、報告書を受理した東京消防庁内では「公表すべきか否か」で意見がわかれた。その理由とは、東京は戦後の廃墟から驚異的な発展途上にあり、しかも三年後には世界が注目する世紀の祭典、東京オリンピック開催と言う祝賀ムードに水をさす結果にもなりかねないと言うものであった。しかし、経済優先・安全軽視社会への警告の意味から「公表」に踏み切った。結果は、新聞・テレビ等が「東京が火の海に」と大々的に報道し、「安全と水はタダ」と言う安全神話は崩れ、防災への関心の高まりとなっていったのである。

早速に国では「災害対策基本法」を制定。東京都では「災害対策本部条例施行規則」を制定するなど地震に備える対策を進めた。だが、急ピッチで進む都市改造に対し、防災への備えは遅く、東京は地震に脆弱な過密都市へと突き進んでいた。

手ぬるい都市防災対策に警告するがごとくの、衝撃的な地震災害が起きた。

昭和三九年、東京オリンピック開催が目前に迫った六月一六日に、都市型地震の「新潟地震」が発生したのである。完成したばかりの昭和大橋が倒壊、臨海石油コンビナートでの石油タンクが十二日間燃え続けて新潟市内が暗雲で覆われ、地盤の液状化で団地が傾斜、停電・断水で都市機構がマヒとなり、初めて近代都市を襲った地震の怖さを、全国の茶の間にテレビ画像で見せつけた。そして都市型地震を問題視した国会で、参考人として出席した河角広博士の「東京も巨大地震が起きる」と言う衝撃的な「関東南部地震六九年説」が提起されたのである。

「大地震は起きる」

その前提にたって全国的に防災対策が進められるようになった。その先頭になったのが東京都で、震災を自然現象である地震と区別し、行政機関としての責任を明確にする画期的な「東京都震災予防条例」が昭和四六年に制定されたのである。

その条例の前文で「東京は、都市の安全性を欠いたまま都市構成が行われた」と地震に対するもろさを指摘し「必要な処置を急がなくてはならない」と行政の課題を明示した。さらに**『人間の英知と技術と努力により、地震による被害を未然に防止し、被害を最小限にくい止めることができるはずである』**と宣言した。

この都条例の前文こそ、東京が全国に先がけた、地震国日本の遅れていた地震対策の現状に警告を与えるものであった。

この間、川崎市や京都市などの自治体で基礎調査研究を主なものとする震災対策に着手され始め、全国的に防災対策を推進する機運が高まってはきたが、一方では「当地は地震の無いところだ」と安全神話を信じて震災対策を怠っていた自治体もあった。その震災対策に関心の薄い都市部に直下型地震が襲ったのである、その地震こそが平成七年に起きた「阪神・淡路大震災」で、多くの犠牲者を出し、防災対策に多くの教訓を残したのである。

消防では、その教訓の一つとして、消防庁長官の指示で被災地へ応援に駆け付ける「緊急消防援助隊制度」ができたのである。

「いつ、大地震が起きるのか」

新潟地震と阪神・淡路大震災、そして「六九年周期説」で地震発生危険が迫り来ていることを国民の多くは感じ取った。そして地震発生を事前に知ることができないかと「地震予知」への社会的関心が高まり、「地震予知連絡会」が誕生した。だが、国民が期待した地震予知は研究段階を脱することができず、いまだ実用化には至っていない。

「三陸沖は地震の巣窟」と古くから言われていた。

過去の三陸沖地震の歴史をひも解けば、大津波で多くの死者を出した記録が残っていて、「福島第一原発は津波に弱い」と関係者は知っていた。そして、阪神・淡路大震災を教訓として、政府は福島第一原発に対する新たな耐震基準つくりにとりかかり、事業者である東京電力も大津波を想定した防潮堤建設の検討に入った。

「これで、津波の心配は無くなる」と期待されたが、「原発は安全」といった安全神話が根強く残る東京電力がとった結論は、「防潮堤建設の見送り」であった。

大津波に耐える防潮堤計画は夢となって消えたのである。

今、私達の住む大地の奥深くの巨大なプレート（岩盤）に、海底から何万年もの年月を経てジワジワとにじり寄って来た別のプレートが潜り込むと言う、正に壮大なドラマが日本国の足元深くで展開されている。その潜り込むプレートが限界にきて跳ね戻るのが巨大地震である。

「巨大地震のXデーは、いつか」

この年、不気味な地震が一月からすでに始まっていた。そして、三陸沖では三月九日にはマグニチュード七・三の地震が起きた。この地震発生に気象庁発表では「大きな地震の前兆ではない」とした。

誰も、そのXデーを知らない。

そして「3・11東日本大震災」が起きたのである。

第一章　日本列島の大地が揺れた

その時、国は、東京は

平成二三年三月一一日一五時四〇分、東北地方を中心にマグニチュード九・〇の激震が日本列島を襲った。

その時、NHKでは国会での決算委員会の模様を中継していた。大きく揺れるシャンデリア、ざわめく会場、そして「東北五県に強い地震が発生しました」と言う緊急地震速報が流れた。この時から、各テレビ番組のほとんどが緊急特別報道に切り替わった。

国会での委員会は「暫時、休憩」の休会宣言が出て、菅直人（かんなおと）総理大臣は官邸へ急いだ。この日から、日本国のリーダーである菅首相の長い苦闘が始まる。

国の機関である総務省消防庁では、久保信保消防庁長官を本部長とする対策本部を即座に立ち上げた。だが、通信回線の途絶などで被災地の連絡は翌日の一二日と遅れた。しかし、テレビから映し出される被災地の生の映像が唯一の貴重な情報となったのである。想像を絶する巨大津波の惨状画像を見て、大規模な消防部隊の応援を決断し、二〇都道府県へ消防隊の出動指示を出した。だが、その後の予期せぬ原発災害に対する消防隊への出動について「消防のやるべきことか、否か」といった難解な問題を突きつけられることになる。

東京では都議会本会議の最終日で、本会議を終えて都庁内にいた新井雄治消防総監はギシギシと言う音と長い横揺れで地震を知り、大手町の東京消防庁舎へと急いだ。途上で「九段会館で多数集団救急事故発生」の無線と消防隊のサイレンが迫ってきていた。この時から、消防総監と言う非常事態に立ち向かう組織のトップとしての、非情な決断を迫られることになる。

その時、福島第一原発では

その日、福島は寒かった。

暦のうえでは春とは言え、三月の福島は肌寒い日が続き、その日の最低気温は氷点下一・四度、太平洋の荒波が六・五メートルの防潮堤にぶち当たり、飛び散る水しぶきが寒さをいっそう引き立たせていた。

防潮堤で護られた断崖の上に東京電力福島第一原子力発電所の威容がそびえ立ち、その発電所には東電社員を含め総勢約六千人以上の作業員らが勤務していて、東京をはじめとする首都圏等へ五百万キロワット近くの電気を供給し続けていた。

規模からみても大事業所となった福島第一原子力発電所であったが、東京から遠く離れた所ゆえ、東京の本社社員らからは「原子村」と上から目線で呼ばれてもいて、どの会社組織でも、えてしてありがちな本社と出先との社員同志の人間関係に微妙な対抗意識が潜在的にあった。

この年、一月から有感地震が続く不気味な予感がされていた。

三月に入ると、九日には三陸沖南部海溝寄りでマグニチュード七・三、震度五の地震が発生し、東北地方に「津波注意報」が発令。最大で六〇センチの津波が観測され、地割れや水道管の破損などの被害も出た。気象庁では「震源地付近ではその後も余震と思われる地震が多く発生し、最大で震度四程度の余震が起きる可能性がある」と注意を呼びかけていた。

その後、一〇日にも余震と思われる揺れを感じる地震が起き、福島第一原発ではその都度、「点検結果は異常無し」の情報を発表していた。

この時すでに、日本海溝では海洋と大陸のプレートに異変が始まっていたのである。

平成二三年三月一一日午後二時四六分、日本列島の大地が揺れた。

宮城県沖一三〇キロ、深さ二四キロの地点を震源とするマグニチュード九・〇の大地震が起きた。世界の地震では観測史上四番目、日本では史上最高となる超巨大地震である。

当時の東京電力福島第一原子力発電所では、一号機から三号機の原子炉は稼働中で、残りの四号機から六号機の原子炉は法定による定期点検中であったが、四号機は全ての核燃料棒が原子炉から使用済み核燃料プールに移されていた。そんな時に、福島第一原発は超大型地震に襲われたのである。

「未だ、かつて経験したことのない激しい揺れだった」と誰もが口を揃えて言う。

停止中の原発四号機の建屋内で、東京電力の協力会社の一員として働いていた福島県大熊町消防団の吉田稔氏は当時のことを次のように語った。

――強い揺れが長く続いた。身動きもできずに柱につかまり揺れが収まるのを待つしかなかった。建屋内の照明は消え、舞い上がった粉塵で先は見通せず、非常灯の明かりだけがぼんやりとかすんで見えた。

「退避！」

と誰かが叫んだ。

「津波が来るぞ、早くしろ!!」

の声が飛び交い、仲間の作業員が一斉に出口へ殺到し大混乱となった。屋外に出て、東電の事務所へと皆と速足で行った。事務所周辺にはすでに千人以上の者が避難しており、ガヤガヤと騒々しく混雑していた。皆の気持ちは一刻も早く帰り家族の安否を確かめたいのである。

しばらくして東電から帰宅の指示があり、皆が一斉に駐車場へ急いだ。帰宅する車で正門付近は大混雑となり、出るのに一時間以上もかかってしまった。

大熊町は南北に約五キロの海岸線を有し、発電所は町の北側に位置している。私の家は発電所より南へ四キロ程の海岸近くにあり、津波が心配で『一刻も速く』と気が焦った。途中ですでに津波が到着した後の惨状を目撃、自宅周辺の家屋は津波で流失し、一面広い海になっていた。——

突然の激震に襲われた福島第一原発の事務本館は、ギシギシと音をあげて揺れ、机の上の書類やパソコンなどの事務機は舞い上がり床に叩きつけられ、社員達は床にしゃがみ込むほかなす術がなかった。そして電気が消え、けたたましい非常ベル音が室内に鳴り響いた。揺れが収まった室内は、書類は散乱し、ロッカーは転倒して、足の踏み場も無いほど無残な状況に一変していた。

この時、福島第一原発は、東北電力からの外部電源が途絶えるなど、すでに危機的状況に陥っていたのである。

「原子炉は大丈夫か……」

激震でなす術もなく唖然としていた社員たちも、揺れが収まるとすぐに気を取り戻し、とっさに日頃の訓練で身につけた行動をとった。

事務本館の職員は、地震など非常時に対応する「緊急時対策室」の設営に走った。緊急時対策室は事務本館とは別棟の「免震重要棟」内に設置することになっていて、重大な事故や災害が発生した時には、関係社員らが免震重要棟へ駆け付け、対策本部を作り、災害への対策や作戦を練ったり現場指揮など様々な対応をする事になっている。

この「免震重要棟」は、平成一九年七月一六日に発生した新潟県中越地震の時に、柏崎刈羽原子力発電所の電源や通信などが全滅すると言った衝撃的な失態をした教訓から、地震時の緊急対応の必要性に迫られて建設されたもので、今回の大地震の八カ月前に完成した真新しい建物であった。

建物自体は免震構造となり、放射能汚染を防ぐ空調設備などが施され、東京の東電本社とテレビ会談などができる通信装置や電源など災害時に欠かすことできない重要な設備等が集合されていて、原子力発電所を地震被害から守る砦とも言えた。

原子力発電の関係者が言うまでもなく、免震重要棟が大地震発生の八カ月前に完成していたことは正に幸運と言わざるをえない。この施設が未完成の状態であったなら、日本国は想像に絶する壊滅的なダメージを蒙るに至ったことに違いない。この免震重要棟が果たした役割は極めて大きかったのである。

油断した津波

「原発は絶対安全」を旗印に進められていた原子力発電所に、新潟県中越地震の失態で「安全に絶対は無い」ことを学び、結果として免震重要棟が誕生した。しかし「これで安全」とは言い切れない問題があった。その一つが「地震による津波」であった。

過去の三陸沖地震で大津波の被害を蒙った記録が残っていて、福島第一原発の建設時には、すでに想定していた津波の高さを越える一〇メートル以上の大津波の襲来があり得ると言う事は周知の事実であった。

「これは、まずい、いつの日か大津波がやってくる」

東京電力社内でも既存の事実として知られていて、幾度か津波対策の見直し案が浮上していた。政府も阪神・淡路大地震があった時に、新しい原子力発電所の耐震基準「耐震設計審査指針」をとりまとめている。

「何とか、しなくては――」

政府も東電も、想定される大津波対策の検討準備に入った。だが、いつの間にか既存の基準の見直し案は立ち消え、東京電力福島第一原子力発電所は津波襲来の不安を抱えながらの操業を余儀なくされていたのである。

東電社内の一部にあった津波対策見直し論者の提言は無視され、東電社内には依然として「原発施設は安全」と言った安全神話は根強く残っていたのである。

津波は予知できた

津波対策論を見過ごした国と東電に対し、3・11東日本大震災から六年経過した平成二九年三月一七日に、前橋地方裁判所は「遅くとも、国の地震調査研究推進本部が長期評価を策定した平成一四年から数カ月後には「津波は予知できた」と断定。平成二〇年頃には、「長期評価に基づいて試算した結果、最大で一五・七メートルの想定津波を実際に予見していた」と、訴えた原告に対し損害賠償の支払いを命じる判決を言い渡し、「非常用発電機を建屋の上に置くなどの対策を取れば事故は起きなかった」と指摘、「安全より経済合理性を優先した」と東京電力会社を厳しく非難した。

●●●

——三陸沖地震の津波の記録

三陸沖では大地震が頻繁に起きていて古くは、貞観一一年（八六九年）に陸奥国を襲った貞観三陸地震で約一千人の水死が記録され、明治二九年（一八九六年）六月一五日の三陸はるか沖で発生したマグニチュード八・二の明治三陸地震の津波では、岩手県で二万二千人、宮城県で三千人、青森県で三四三人など北海道から東北地方で死者約二万二千人を超え、岩手県で高さ三八メートルの津波が襲来、津波は米国まで到達して被害をもたらしたと記録されている。

昭和八年（一九三三年）三月三日の三陸はるか沖で発生したマグニチュード八・一の地震では、津波で死者約三千人の死者を出し、昭和三陸地震津波とも呼ばれている。そのほかに、昭和三五年（一九六〇年）のチリ地震、昭和五八年（一九八三年）の日本海中部地震等が、記憶に新しい地震津波被害を出している。

● ● ● ● ● ● ● ● ● ● ● ● ● ●

津波が迫ってきていた

地震発生から三分後の午後二時四九分、気象庁はテレビを通じ、岩手県、宮城県、福島県の各沿岸に「津波警報」を発表して、広く注意を呼びかけたのである。

東電にある免震重要棟の二階には、衛星回線電話や東京本社とテレビ会議ができる装置が完備された「緊急時対策室」があり、主だった各セクションの責任者らが列席して、原子炉の現状と被害の有無についての確認作業を急いだ。

「スクラムしてます」

スクラムとは原子炉が緊急停止と言う意味である。

地震の揺れなど異常を察知した時には、原子炉が自動的に停止した状態になったと言う情報がすでに対策室に入ってきていた。

稼働中の原子炉を安全にコントロールさせるには「原子炉の停止」次いで「原子炉の冷却」最後に「原子炉を閉じ込める」の順がある。対策室に入った「スクラム」情報は安全装置が順調に作動されていることを意味していた。

「スクラム」の一報が東京本社へ送られてきた。だがホッとする間もなく、地震発生から三分後の午後二時四九分、気象庁発表の「津波警報」が発令された。

そして四〇分後の午後三時二七分、高さ四メートルの津波の第一波が福島第一原発を襲ったのである。そして、さらに高さ一五メートルの第二波が追い打ちをかけるように襲って来た。

津波体験者の証言

大津波に巻き込まれ、九死一生を得た福島県いわき市消防団員の渡部喜和氏は津波の怖さを次のよう語った。

──激震で寺の門柱が倒れ、本堂も倒壊寸前の状況を見て、とっさに『津波がくる』と思った。揺れが収まるのを見て自宅の脇に止めてあるポンプ車に飛び乗り『津波が来るぞ、早く逃げろ！』とスピーカーで呼びかけ続けた。ＪＲ常磐線の電車は止まり、踏切の遮断機は下りたまま、国道六号線はすでに避難する車で数珠つなぎの渋滞になっていた。

屯所へ戻る途中、前方からどす黒い波が迫って来るのが見え、すぐに「津波だ！」と気付いた。そして逃げる間もなく、私はポンプ車ごと荒れ狂う波に飲み込まれた。

ポンプ車の窓を開けていたため津波による濁流が勢いよく車内へ流れ込み、私は濁流に飲み込まれながら車外へと流された。それはアッと言う間のことであった。

濁流にもまれながら流される途中で、幸運にも電柱に身体が引っかかった。無我夢中で電柱にしがみ付き、流されまいと必死にこらえ引き波が収まるのを待った。

『助かった』と安堵し、周りを見渡すと、命を救ってくれた電柱は自宅前のものであった。津波は、門柱をなぎ倒し、寺や家々を根こそぎ飲み込み、勢いよく押し進んで行った。何もかもが流されて行くその中に、炎を上げ燃えながら流れる建物もある。身内が濁流に流されていくのをただ見ている事しかなかった人もいた。私の目撃したものは地獄そのものであった。

引き波が収まったのを見届け、しがみ付いていた電柱からやっと降りられた。一面が海と化していた。

足の踏み間もない瓦礫の間をぬって歩いているうちに、瓦礫に挟まれた人影が見えたので救助しようとしたがすでに意識は無かった。倒壊した建物の中から助けを求める声が聞こえてくる。消火活動より、遺体の収容よりもまず『人命救助が先だ』と決断して声のする方へと向かった。そこで救助活動をしている消防隊員と消防団員が目につき大声で救助の応援を頼んだ。ずぶ濡れのまま、何も食べず、水も飲まずの、休みない救助活動が続いた。避難所に行けば何か口に入れるものがあるかもしれんと行ったが、消防団用には割り当てがない。乾パンの残りを譲ってもらい団員達で分け合って口にしたが乾パンを飲み込む水がない、瓦礫の中に流れて来たペットボトルを探し求め、やっと一息つき、再び行方不明者の捜索、救助、遺体収容と、気付くと空が白み始めていた。—

全ての電源が切れた

大津波が福島第一原発を直撃した。

原子炉建屋の外は、道路は陥没して池ができ、いたる所に瓦礫の山、巨大な丸い重油タンクが道を塞ぐなど、情景は一変してしまったのである。だが、それよりも建屋内に海水が流れ込んでいたのである。建屋内への海水流入は、制御室が唯一頼りにしていた非常電源の全てを奪い、原子炉を制御する機能をも失うことにつながっていた。

建屋内の照明が消え、運転中であることを示すランプも消え、警報音も灯りと共に消えていた。それは原子炉を「冷やす」と言う機能が失ったことを示していた。

原子炉は通常、水で満たされていて、炉心にある核燃料が一定の温度以上に過熱するのを防いでいる。原子炉の水位が下がり冷却水が無くなれば核燃料が露出して、冷却効果が下がって炉内温度が上昇し、核燃料自体が溶け出る炉心溶融と言う、もはや手に負えない最悪な事態に至る。

今、福島第一原発は、その最悪の事態に直面したのである。

「全ての電源が切れた」

この緊急事態は直ちに関係機関へ報告された。

この報告は、平成一一年九月三〇日に茨城県東海村の核燃料加工施設・株式会社ＪＯＣで起きた、臨界事故の教訓から整備された原子力災害対策特別措置法（原災法）による災害事態発生に該当するものであり、直ちに通報する事が義務付けられていた。

●●●●●●●●●●●●●●

——ＪＯＣで起きた、臨界事故——

ＪＯＣで起きた事故は、日本国内で初めて死者の出た原子力事故で、作業員三人のうち二人が死亡、一人が重症、約六〇〇人以上が被曝した。原因は使用目的の異なる沈殿槽を使うなど、ずさんな作業が原因で放射線が大量に放射され、現場作業員や救護に駆け付けた救急隊員、被曝者を搬送した作業員仲間、さらに周辺住民らが被曝被害を受けた。

この事故で国は、半径五〇〇メートル以内の住民に避難勧告を出し、国道や高速道路の通行止め、ＪＲ常磐線など鉄道運行を見合わせ等の規制が敷かれた。この事故が契機で「原子力災害対策特別措置法」が制定され、あわせて「自衛隊法」も改正されて、原子力事故での自衛隊の災害派遣を新たに「原子力災害派遣」が加わった。

東京・千代田区内幸町にある東電本社は、地震発生と同時に非常態勢に入り、二階には、「非常災害時対策本部」が設置された。

「原子炉の自動停止」

福島の現地から原災法に基づく報告が東電本社へ届いた。

大地震で安全システムが作動して原子炉が緊急停止したことに、本社の対策本部に参集してきた本部員らはホッと胸をなでおろした。だが、ホッとする間もなく「全電源が喪失」の一報に対策本部室内は驚きに変わった。

「あり得ないことが起きた」

原発の「安全神話」を信じ切っていた多くの日本国民は、この時、日本国に起きているこの日本存亡の危機的状況を知る由もなかった。そして、この時から、多くの国民の知らぬところで、首相官邸、原子力安全保安院、経済産業省、そして東京電力本社と福島第一原発の間では、日本の安全を左右する意思疎通を欠く、歯がゆいばかりの混乱が始まっていった。

二転三転する状況報告

「原子炉を冷やす」

原子炉の暴走を止めるにはこれしかなかった。しかも、冷やすにも「速さ」が求められ、時間との勝負に全てがかかっていた。

外部からの交流電源も、さらに自家発電のディーゼル発電機等による内部からの電源も失ったからには、移動できる電源車を持ち込んで発電させて冷却稼働させるか、消防車による送水で原子炉を冷却するかの、二つの方策が考えられた。

刻々と迫る危機を目前にして、福島第一原発の緊急時対策室は電源車と消防車を要請した。

「電気さえあれば何とかなる」

東電本社は、頼みの綱の電源車探しに全力を傾注した。だが、八方に手を尽くすも、陸路での輸送は地震による交通障害と通行止め等で大混乱を来たしており、例えサイレンを鳴らしての緊急車の先導を受けたとしても、福島第一原発の現地への到着は時間的にも困難とみられ、ならばヘリコプターで空路での搬送を検討したが重量オーバーで無理とされた。

しかし、その難関を乗り越えて、福島第一原発から距離的に近い東北電力から待望の電源車が到着した。だが、到着はしたものの、相互の連絡不備や調整不足等の不手際が重なり、送電作業にトラブルが生じた。さらに電源車の進行の妨げになる瓦礫の除去には機械力が使えず、除去する人手不足などからケーブル敷設工事には時間的に困難と断定、午後一一時二〇分の会見で「電源接続断念」と発表、最後の手段はポンプ車による送水にかかってきた。

「消防車による放水にかける」と現地は判断した。

福島第一原発には、東京電力の自衛消防隊の消防車が三台あったが、二台は津波ですでに使用不能となり、使える消防車は一台しかなかった。そのために自衛隊と東京消防庁のポンプ車の応援を緊急要請した。だが、福島第一原発までの道路は通行不能個所が多く、迂回しながらのノロノロ運転となり遅延止む無しの状況であった。

一方、要請を承諾されて、ポンプ車の目鼻はついたが、まだ難関が待っていた。構内の道路は瓦礫で埋まっており、瓦礫の除去と言った難行が待っていた。「だが、やらねばならぬ」と激しい余震が続く中、放射能の危険を覚悟でポンプ車の進入道路確保を図るための決死の瓦礫撤去作業が、東電社員たちの人力によって続けられ、津波から一二時間余が過ぎた一二日の明け方までには瓦礫は撤去されたのである。

自衛隊が消防ポンプ車の出動要請を受け、自衛隊が正式な出動命令が出たのは、一一日午後一一時。福島第一原発から約六九キロに位置する陸上自衛隊郡山駐屯地から消防ポンプ車二台が福島第一原発へ向かったのは日付が変わった一二日午前二時を過ぎ、第一原発正門へ到着したのは朝七時を回っていた。

防護マスク着装のため合図は手信号で「圧力あげ」「停止」と伝え、被曝を最小限にする活動に終始した。

東電のポンプ車一台と計三台のポンプ車をホースでつなぎ、どうにか一号機へ注水ができたのである。瓦礫の除去など、後の全国から駆け付ける消防隊のための、いわば水先案内役を果たした影の功労者と言えなくはない。

地震で原子炉が自動停止したことは、安全システムが正常に作動したことの報告でホッとしたのもつかぬ間に、今度は全電源停止と言う緊急事態発生の報告があり、頼みしていた電源車も緊急時に役立たずに終わり、最後の手段はポンプ車で冷却しなくてはならない。正に綱渡りの非常事態の対応と言う、福島第一原発の現場での二転三転する状況報告に、菅首相を始め政府高官はイライラし始め、東電側の災害事故対応に不信をつのらせてきていた。

「何をやってんだ」

「どうなったんだ」

日本国の存亡をかけた緊急事態発生時の態勢に、早くも、ほころびが生じ、多くの国民が知らぬところで、日本の安全に暗雲が漂い始めていたのである。

第二章　揺れ動く首相官邸

その時、国会では

東京は穏やかな昼下がりのひと時を迎えていた。

街ゆく人々は、冬用の分厚いコートを脱ぎ、軽やかな装いに変身し、春の訪れを告げるサクラ前線も身近に感じられてきていた。

そんな時、激しい揺れが東京を襲った。

ＮＨＫテレビが参議院の決算委員会の模様を生中継していた。

野党となった自民党の議員が質問に立ち「おたずねします」と言った時、テレビ画面に「宮城県、岩手県、福島県など東北の五県に強い地震が発生した」と言う緊急地震速報が流れた。

閣僚席の前席に座っている菅首相にメモが手渡された。総理が一瞬メモから目をそらし、周囲を見回したその時、横揺れがおきた。

しばらく長い横揺れが続き、議員たちの間で互いに顔を見合わせたり周囲を見回したりと、ざわめきが起きた。天井から吊るされたシャンデリアがゆらゆらと大きく揺れている。

「長いなー」「大きいぞ！」「大丈夫か？」

議員たちは身の危険を感じ、背を低くした。委員長がマイクで「各自、身の安全を確保するようにお願いします」と言い、長い揺れが収まるのを見計らって「暫時、休憩させていただきます」と委員会の休会を宣言した。

今まで熱気に包まれていた委員会室は、蜘蛛の子を散らすように議員達は退場してウソのように静まりかえった。

全国中継のテレビを観ていた多くの国民は、大揺れに驚き、うろたえ、揺れが収まって周りを見まわすと、整理されていたはずの部屋は、花びんや本などが散乱していた。

超高層ビルの上層階部分では揺れ幅が大きく、しかも揺れが長く続き、家具等の転倒で受傷した人も多く、高層階の住民たちの船酔いに似た揺れで受けた動揺は大きかった。

委員会は休会となったが、ＮＨＫテレビの国会からの中継画像は続けられていた。

アナウンサーが「緊急地震速報が出ました。宮城県、岩手県、福島県、秋田県、山形県です。ケガの無いように身体の安全を確保してください。倒れやすい家具などから離れて下さい。いま国会でも揺れを感じています」と繰り返し注意を呼びかけていた。

テレビは国会中継から、いつものニュースの時間で見なれている東京渋谷の放送センターの画面に切りかわった。

この時から、番組のほとんどが、地震特別番組に組み入れられ、長期間にわたる緊急放送が開始されたのである。

テレビは津波の惨状を訴えた

テレビ画面は、すぐに東京の放送センターから、仙台市のロボットカメラに切り替えられた。

テレビ画面いっぱいに、ガタガタと激しくブレ動く仙台駅前の模様が映り出され、上下左右にブレる画像から、地震の大きいことが分かった。

画面が、駅前のビル群から東北地方の港の様子に切り替わり、海岸の波間の風景へ変わった瞬間、画面は息を呑む地獄図に一変した。

「河口付近には近づかないでください」

「今、津波が観測されました」

実況放送がアナウンスされた。

「トラックが流れています」

「大きな船や油タンクが流れています」

務めて緊迫感を抑え、冷静さを装うアナウンサーの声が高揚した。

岩手県釜石市の河口の様子が放映される画面からも、次第に津波被害が拡大してきていることが、誰の目にもわかるようになってきていた。

午後三時五四分、ヘリコプターによる宮城県仙台上空からのテレビ中継は、見る見るうちに、津波が黒い濁流となって押し寄せ、住宅を、そして自動車を、何もかもを、次から次へと飲み込んでいく状況を、茶の間へ送り続ける。

「これは、本当なのか？」

誰もが自分の目を疑い、息を呑んでこの画面を見つめた。

混乱の首相官邸と消防庁では

官邸に戻った菅首相は直ちに、官邸内の危機管理センターに対策室を作り、午後三時一四分には対策本部を立ち上げた。

テレビ画面からの津波の惨状は、菅首相の思いえがいていた予想をはるかに上回るものであった。さらにこの時、菅首相は福島第一原発の原子炉が緊急停止したことを知る。

立ち上げたばかりの対策本部に続々と各地の被害状況が入ってきたが、原発の緊急停止の一報で、対策本部は一時騒然とした。だが、地震動で安全装置が正常に作動しての原子炉の停止であることを知り、官邸内の緊張が和らいだかにみえた。しかし、午後四時三六分に福島第一原発から原子力緊急事態が発生したと言う通報がされた。だがすぐに、「一号機の原子炉の水位が保たれていることが確保された」と一号機だけは緊急事態の通報を解除するとの報告が官邸に届いた。しかし、舌の根の乾かぬ内に、一旦通報解除されたはずの通報はすぐに取り消され、午後五時七分に再び一号機が緊急事態発生と通報されてきた。

「今、どうなっているのか」

菅首相をはじめとする対策本部に参集した各閣僚達は、福島第一原発の現場からの混乱している情報の様子から察して、絶対に安全と言われた原子力発電施設が、今、危機に瀕している事を肌で知り、日本が存亡の危機に直面していると言う事を実感した。大津波が福島第一原発を襲い、福島原発の緊急事態発生と言う難題が菅首相に突きつけられた。

総務省消防庁は、地震発生と同時に対策本部を設置して、情報の収集にあたった。だが、通信回線の途絶などの障害で、被災地の消防との的確な情報の交換には支障をきたし、初期の段階での有効な情報収集手段は、もっぱらテレビ中継画像が頼りであった。消防庁災害危機管理センターの対策本部では、テレビ画面から推察しても、被災地が広域にまたがり、しかも地震火災と津波被害の拡大が予想されたことから、大規模な消防部隊の応援が不可欠と判断した。

午後三時四〇分、「緊急消防援助隊」の出動指示が出され、東京消防庁では午後四時三〇分、一四隊五四名が第一陣として出動。午後八時四〇分に第二次派遣隊として三二隊一三〇名。翌一二日の午前三時には第三次派遣隊六五隊三〇一名を派遣した。

本震の後も、大きな揺れを感じる余震が起きる。

午後三時〇六分、青森県で震度七を記録した三陸沖を震源とするマグニチュード七・九の地震が発生、この地震をはじめとする余震と思われる地震が、午後二時四六分から二時間の間でも、一〇回以上発生している。そして、大きく揺れる余震を感じる度に「又か！」と国民は不安をかかえ、大地震の再来の恐怖に怯え続けた。さらに地震の影響で、震源地から遠く離れた首都圏を始め各地域でも、地震直後からライフラインや通信で障害が起き、交通もマヒ状態に陥り、帰宅を急ぐ人々で大混乱が予想されていた。まさに、日本列島はパニック寸前の状態となり、混乱は官邸の対策本部も同じように生じていた。

対策本部では、津波被害の状況についてはテレビ画面によってリアルタイムで把握できたが、福島第一原発の緊急事態についての情報は遅延したり錯そうしたりして、その内容が二転三転し、福島第一原発の全体像が掌握できなかった。

政府の執った最初の一手

この日本の危機を打開する対応策は、まず最初に、人心の安定を図るために、総理大臣メッセージを出すことから始めた。

地震発生から約二時間後の午後四時五五分。菅首相はこの現状に鑑み「国民の安全を確保し、被害を最小限度に抑えるため、政府は総力をあげて取り組む。落ち着いて行動してほしい」と震災後の初の記者会見でメッセージを発した。テレビに映り出された菅首相の緊張気味な顔は、いつもと違う疲れ切った疲労の色がにじみ出ているのがありありと見て取れた。

対策本部の初会合で、政府としての災害応急対策に関する次のような基本方針を決めた。

○人命救助を第一に応援活動に全力を尽くす。
○自衛隊、警察、緊急消防援助隊、海上保安庁部隊などを最大限派遣する。
○高速道路や幹線道路の通行確保、航空安全の確保。
○ライフラインの復旧に全力を挙げる。

安全神話が覆された瞬間

原発の安全について、原子力安全委員会のメンバーである学識経験者らも、原発施設には非常用の自家発電のディーゼル電源が備えられているから、全電源喪失と言う事態はあり得ないと言い切っていた。だが、いざと言う時に頼みにしていた緊急時の非常用ディーゼル発電も動かなかった。ここに、事故は「あり得ない」と言った安全神話が覆された瞬間でもあった。

後日、菅首相が、この「全電源喪失」の一報を聞いた時のことを「背筋が凍りついた」と語っている。

その頃、福島第一原発の緊急時対策室では、原子炉の冷却装置を動かす電源を、他から調達して輸送されて来る電源車で代替えすることを決め、東電本社に対し自家発電機を搭載した車両の緊急輸送要請をしている。

刻一刻と危機が迫りつつある福島第一原発。その緊急事態発生を国民の多くは知らされてはいない。

「なぜだ?」「何をしている?」の官邸からの問いかけに、どこからも的確な答は返ってはこなかった。

菅首相を始め各閣僚も、現地の福島第一原発の情報に対し、次第に疑心暗鬼となっていた。

夕暮れ迫る首都東京の街は帰宅を急ぐ人と車で混乱がピークに差しかかってきていた。茶の間に送られるテレビ画面からは、津波に巻き込まれて流れゆく家屋や自動車、炎を上げ燃えながら流れゆく家々、津波で町が消え海と化し、流れ着いた広大な瓦礫の山が映し出されていた。画面が切り替わると、逃げのびられた被災者達の恐怖に怯える姿が、津波に流された我が家の方角を見つめ肩を寄せ合う親子の震える姿をとらえていた。記者の問いかけにしどろもどろで口こもる記者会見場での保安院と東電社員の姿は私の心を苛立たせた。

どれもが、行き先が見えぬ深い霧の中へ迷い込んで行く、日本国の行く末を見る思いの、虚無感を抱かせる場面が送られて続けられていた。

「今、日本は存亡の危機に直面している」

多くの日本国民はそう思い、この国難を何とか乗り切れられることを祈ることしかできなかった。

官邸の対策本部も、今や、テレビやラジオからの情報が有力な情報源となっていた。

「全電源喪失」の一報が届いたその後の官邸に伝えられる第二、第三原発の情報は、現場の混乱ぶりが明らかのように、遅れたり錯そうしたりして、官邸の対策室の意にかなうような内容は少なく、菅首相としての決断を鈍らせる要因にもつながっていった。

「原子力緊急事態」宣言は午後七時三分。福島第一原発の緊急時対策室からの「全電源喪失」が報告されてから約二時間の遅れての宣言となった。だが、緊急事態の宣言を出しても住民への避難指示や勧告は出されなかった。

津波火災との死闘

混乱する首相官邸の対策本部の一方で、被災地周辺の東北各県の消防が、津波と火災を相手に、いつ終わるかわからない死闘を続けていた。

未曽有の惨事に直面している消防隊には、福島第一原発が深刻な事態となっていることは知らないし、知らされもしない。日本政府と東電ら関係機関とが、福島第一原発の原子炉の暴走を抑えるために悪戦奮闘しているその内情も知らないし、知らされてもいない。

原発の事故対応は法的にも、消防の仕事外であったからである。

官邸の混乱する対策本部の裏側で、津波での救助と消火活動で苦戦を強いられている仙台市消防局長の高橋文雄氏は当時のことを次のように語った。

――通信業務を統括する消防情報センターでは、震災直後の一一九番は

「建物が倒れそう、人が中にいるかしれない」
「ガスボンベが倒れた」
と多く寄せられたたが、津波が押し寄せてからは
「屋根の上に人がいる」
「車や、家が流れてる」
と、悲鳴を上げ、助けを求める深刻な一一九番に一変した。
作戦室のテレビモニターから衝撃的な映像が飛び込んできた。ヘリコプターによる管内の仙台市沿岸の上空からの大津波が襲って来た瞬間をとらえた映像であった。黒い濁流が家屋や車を、そして人を、全てを飲み込んで行く地獄図であった。突然、荒浜海岸に二〇〇人から三〇〇人の人が打ち上げられていると言う字幕が出た。これが事実なら部隊編成など救助方針の変更をしなくてはならない、すぐに消防ヘリで緊急調査して確認の指示をし
「その事実はなし」
の報告で安堵した。その後もニュースは報道され続け、消防ヘリに再調査を指示したが
「事実なし」

を確認、字幕の件は誤報と結着がつけられた。

休みなしの消防活動が続き夕刻にさしかかった時、通信がほぼ途絶えると言う状況の中、消防庁の久保信保長官から電話が入った。仙台市の被害についての問い合わせであった
「仙台市沿岸部は大津波で壊滅的な被害、県内の犠牲者は一万人にのぼるのではないか」

と報告をした。

一一九の通報は深夜になっても途切れることは無かった。津波で取り残された人々を、空から、陸から、そして浸水地から、と人命救助を最優先にした活動が続いた。

「周囲から火の手が迫ってきている。屋上に避難した住民を助けて……」

避難場所の中野小学校から防災行政無線で本部へ救助を求めてきた。

その夜は小雪が舞う寒さだった。津波で潰れ壊れた多くの建物が一万六〇〇〇平方メートルの街区全体と五〇台以上の自動車が真っ暗闇の中で真っ赤な炎を上げ夜空を焦がしていた。学校からは約二〇〇メートルの地点だ。迫り来る炎の恐怖と寒さで皆がガタガタと震えていた。

学校の周辺は津波で浸水し、流された瓦礫の山で埋め尽くされていて、逃げ出すこと

はできずにあった。時間は午後一一時二〇分。灯りは燃え盛る炎だけで瓦礫の山は真っ暗闇の中にあった。

危険が伴うが、これまで例のない夜間の消防ヘリによる空中消火を決断した。四回の空中消火を繰り返し、火勢を制圧することができた。日付が変わった一二日の午前一時三六分にその任務を終えた。住民の命を救うと言う、消防航空隊員の使命感が夜間の空中消火を成功させたものと確信している。――

高橋文雄氏は最後にこう付け加えた。

――「全力を尽くした」と言う言葉がある。たしかに消防も警察も自衛隊も、災害発生の有事の際には精根つきるまで死力を尽くす。だが私には「助けを求める人を救えなかった」と言う悔いが胸中深くにいつまでも残痕として残っている。

沿岸に近い消防署所は津波で破壊された。かつて津波で大被害を受けた経験を先人たちは知っていた。ならば、津波に耐える安全な場所に消防署所を造ることに全力を尽くしたのかと言う自戒が私にある。消防や警察などの公共施設は、いざと言う時に住民が安全に避難できる場所と言う拠りどころでなくてはならないと思う」――。

読売新聞が行った東日本大震災に関する全国アンケート調査では「国や自治体が優先し

て取り組むべき防災対策」で「学校や公共施設の耐震化」が六〇％で最も多かった。

混乱する情報・途切れる指示命令

日付けが代わった一二日午前零時五五分、福島第一原発の対策室からの「格納容器圧力異常上昇」のファックスが東電本社や経産省と保安院に送られ、首相官邸にも格納容器圧力異常上昇は伝わっていた。

このまま圧力が上昇を続ければ格納容器が破壊の危機があるため、直ぐにでも圧力を減らす必要があった。

「いよいよ来るべき時が来た」

官邸の対策本部は、もはや一刻の猶予も許されない事態にうろたえ、決断を迫られていた。今や政府が「即決」するしかなかった。

官邸内で関係者による深夜の緊急会議が行われ、その論議の中心は「ベント」の可否を問うものであった。「ベント」すなわち、異常に上昇した原子力格納容器の圧力を下げるため、容器内の蒸気を建屋外へ放出することで、炉心に何らかのトラブルが起きている可能性が容易に推察できた。炉心のトラブルの原因は何なのかは、誰もが口を結んだままであった。

放出となれば放射能物質はどの程度になるのか、人体への影響は、住民の避難区域はどこまで広げるべきか……と、論議は進められ、「ベントは必要」との結論に至った。

「ベントを開始」

政府の意向は直ちに福島第一原発の緊急対策室へ伝えられた。時はすでに午前一時半を過ぎていた。

だが、全電源が失った状況でのベント操作は、生身の人間が放射能被曝を覚悟での手動による操作を行わなければならなかった。その作業は「言うは易く行うは難し」で、決して生やさしいものでは無かったのである。

その後、官邸には、ベントが開始されたのか、いつ開始するのか、どんな進ちょく状況なのかと言った現地からの情報が途切れ、詳細な情報が入っては来ない。

総理大臣の現地視察

経産省で行われた記者会見のごたごたを払い退けるかのように、午前三時一二分、官房長官の記者会見が行われた。

「本日の朝、菅総理自ら現地を訪れることにしたい。午前六時に官邸のヘリポートを出て福島の原発に行き、ここで現地に降りる方向で検討しています。一〇時には官邸に戻ります」

記者からは、矢継ぎ早な質問が飛んだ。

「視察中の時には、圧力の放出は終わっていますか」

「総理不在のリスクは」

「風向きが変わったら」

官房長官はこの時、「避難指示の内容に変更なし」と「放射性物質の影響は軽微」を明言した。後日わかった事だが、この時、官邸には放射能汚染の広がりを予想するシミュレーション図が送られてきていた。だが、この重要な情報は、菅首相をはじめ官邸にいた幹部らには知らされず、公表されることはなかった。せっかくのデータは住民避難に活用できずにお蔵入りとなっていた。人為的ミスによる情報処理など、政府の危機管理の在り方が問われる意思疎通を欠くほころびが又も出てきていたのである。

午前六時一五分にようやく官邸屋上から福島へ飛び立った。午前七時一一分、菅首相を乗せたヘリが福島第一原発へ着き、マイクロバスで免震重要棟へ入った。

会議室に入るなり、菅首相は開口一番「いつになったらベントをやるんだ！」と強い口調を発した。

「四時間はかかります」の答えに「そんなにかかるのか？」と声を荒げる一幕がみられ

たが、約一時間にわたる第一原発の現状と対応の説明を受け、菅首相は、ようやく全体像をつかむことができた様子であった。菅首相は後日、免震重要棟内で指揮を執る吉田昌郎所長を、東電本社内の並みいる幹部社員より「信頼できる男である」と語っている。

午前八時、菅首相を乗せたヘリは福島第一原発を離れた。

菅首相が去った後、福島第一原発では、被曝の危険性を覚悟の決死的な手作業による開弁作業が始まった。

専門家は誰もいなかった

ベントが遅れ、原子炉を冷却させる応援のポンプ車の到着も遅れていた。

ポンプ車が遅れ、しかも、一号機のベント作業が難航している状況を察した保安院は、総務省消防庁へ消防ポンプ車の出動要請をしている。

総務省消防庁では、すでに津波火災の消火と救助で、二〇の都道府県の消防から緊急消防援助隊を被災地へ出動させていたが、新たに予期せぬ原発現場への消防ポンプ出動の要請に対し「消防隊が行くなら、放射線防護の装備や隊員の安全策等はどうなっている……」などと問い合わせた。この消防庁の問いかけに、東電から保安院を通じ「原子炉への注水をして欲しい。防護マスク等の装備品と放射能についての専門家の同行が必要」との回答があり、この時、初めて消防機関が原子炉への注水活動を行うことであることを知ったのである。もはやこの時点で、福島第一原発事故は原災法では対応できない窮迫した状況に陥っていたのである。

この時の消防隊の要請を契機に、原発現場への消防隊の出動が始まったのである。

当時の総務省消防庁長官は自著で「保安院からの要請があった時は、それ程の問題意識も持たずに東京消防庁と仙台市消防局に出動を要請したが、水素爆発が相次ぎ、しかも核燃料プールへの放水であることが明らかになった時、この作業が消防の任務なのかと……」と、自著で述べている。

本格的なベントを行うための作業中にも、激しく揺れる余震が襲った。その余震が発生するたびに、ベントの作業は遅れ、被災地の住民たちは身をすくめ恐怖におびえた。津波火災の消火と救助活動をしている消防や警察、自衛隊らの行動にも支障をきたし、一時、活動を中断せざるを得なかったのである。

「ベント成功」

一号機の排気塔から白煙が上がり始めたのである。テレビ画面からもその模様が観られた。

東電社員による決死の行動が功を奏し、格納容器内の圧力が徐々に下がり始めてきていた。

ベント準備を開始してから一四時間余、官邸でも「格納容器の減圧に成功」と、きわどいところで危機を脱したことに、関係者は一安心と胸をなで下ろしたのである。

だが、胸をなで下ろしたのもつかぬ間、一号機に最悪の事態が進行していたことに誰もが気づいてはいなかったのである。

一号機が爆発

「ドーン」

三月一二日午後三時三六分、一号機が爆発した。

腹にも響く激しい音と振動、立ち上がる噴煙、瓦礫がガラガラと落下して、福島第一原発構内は一挙にパニックとなった。

白煙がもうもうと上がる原子炉建屋、テレビがその爆発の衝撃的な瞬間を捉えていた。首相官邸もその画面を見つめていた。

「何でだ……」

ベント成功を聞いたばかりのこの急変に、誰もが目を疑った。

「何が原因で、何が起きたのか、どうなっているのか……」

菅首相の疑問に、日本の原子力に関係する権威者であるはずの原子力安全委員会も保安院も経済産業省も東電本社も、誰一人として責任をもって説明できる者はいない。菅首相は後に「対策本部には専門家は誰もいなかった」と述べている。

この瞬間から、すべてが疑心暗鬼の道へと転げ落ちていったのである。

午後五時五〇分頃、官房長官が「何らかの爆発的事象があった。放射性物質の数値は想定の範囲内」と発表。だが、その一〇分後の午後六時頃には、保安院が「原子炉に重大な損壊が発生している可能性を否定することなく、情報を集めたうえで判断したい」と、官房長官の発表した安易な楽観論を暗に指摘する発表をしている。

メルトダウン

原子炉の暴走を食い止めるには「冷却」しかなかった。

現地では爆発直後に、所長の判断で海水による冷却をすでに開始していた。だが、東電本社と官邸では、すでに海水冷却されている事は知らない。

「海水では腐食の恐れがある、塩分で冷却水の流路が塞がれる」などの問題がある事から、官邸と東電本社と保安院などの代表者による緊急会議が行われていたのである。ところがテレビ会議の場で、すでに海水注入がされているのを知った東電本社は、官邸の了解を得ていない事を理由に「海水冷却中止」を現地の対策本部へ告げた、だが現地の責任者の所長は本社の意向を無視して「続行」を社員に指示した。

午後七時三〇分、放射線量が低くなり、原子炉も安定してきている報告が入り「爆発は水素爆発で、核爆発では無い」と判明、官邸内に張り詰めていた極度の緊張感が和らいでいった。だが、官邸と東電との間には疑惑と言うしこりが根づいていた。

午後八時三二分、菅首相の発災後二回目の記者会見が行われる。「まずは一人でも多くの命を、全力をあげて救う」と国民向けのメッセージを発表した。

菅首相の目のふちは黒ずみ、疲労困憊の姿がテレビを通じ全国に知らしめられた。この国民に向けたメッセージには、菅首相自らを叱咤し鼓舞する意味が込められていたとも言える。菅首相は、危機一髪のところで踏みとどまり、危機を脱した事を回顧して「神のご加護があった」と述べている。

菅首相に次いで官房長官が午後八時四二分に、一号機の爆発についての説明会見が行われた。

――官房長官の記者会見主旨

…爆発は建屋の壁が崩壊したもので、中の格納容器が爆発したものでない事が確認された。炉心にある水が足りなくなり、発生した水蒸気が格納容器の外側の棟屋との間に出て、その過程で水素になり、水素と酸素が混ざり合わさり爆発が生じた。

東電からは、格納容器は破損していない事が確認されたと報告を受けた。爆発は格納容器内のものでなく、放射性物質が大量に漏れ出すものではない。

●　●　●　●　●　●　●　●　●

東電社長の想定外会見

三月一三日、東電の清水正孝社長が初めて記者会見場に姿を現した。

原発一号機の爆発と言う「まさか」が現実となったことから、東電トップの社長が自らの口から、どんな事を語るのかと、世間の関心も高まり、報道の取材合戦も加熱。当日、会見場は記者団が早々に大挙して陣取り、テレビカメラの放列で埋め尽くされ、殺気だった雰囲気となっていた。

「東電は、地震と津波について、事前にどんな対策を立てていたのか？」

記者からの質問に対し清水社長は「想定外」の弁明を繰り返した。

「津波については、これまでの想定を大きく超えるものであった」

「今まで考えていたレベルを大きく逸脱していた」

「考えられるレベルの津波対策は講じていたので、問題ない」

東電トップの社長は、今回の事故は「想定を越えたもの」と言う見解を示した。

東電の清水正孝社長が主張する「想定外」の連呼の裏には、東電の賠償責任回避の意向が含まれた発言とも捉えられた。

この「想定外」は、「大津波は予想できた」とされ、国と東電に、損害賠償責任を言い渡す司法判決が出されている。

第三章　日本中が怯えた日

三号機が爆発

水素爆発の一号機は、海水注入で何とか危機を脱する目安がついた。だが今度は、二号機と三号機にも危機が迫ってきていた。

「三号機の冷却機能を失った」

一三日午前五時一〇分に、免震重要棟内の緊急対策本部から東電本社などへ通報された。

三号機は空だき状態が続き、もはやポンプ車による「冷やす」しかなかった。だが、頼りにしていたポンプ車の一台は一号機の冷却注水に使用され、残る一台のポンプ車は散乱した瓦礫で、防火水槽まで進む先を阻まれ、注水にこぎつけられたのは六時間以上の時間を要し、更に防火水槽の水を使い果たし、海水に切り替えするなどで貴重な時間を浪費していた。

どうにか待望のポンプ車による冷却が始まったが、三号機の長時間の空だきの影響で、建屋内には高い放射線量がある事がわかった。

「放射線量が高くなってきている」

「三号機から漏れている」

一三日の午後二時三〇分過ぎ、免震重要棟内の緊急対策本部に緊急報告がされた。

翌一四日朝になって、格納容器の圧力が上昇し始め、屋外の作業員らに避難命令が出された。

「格納容器圧力異常上昇」

一四日午前八時前に、官邸にも圧力異常上昇が伝わった。政府と原子力災害対策本部との合同会議が行われたが、これと言った具体的な対応策は見られずにあった。

「ドドーン」

三月一四日午前一一時一分、三号機が爆発した。免震重要棟内にも、強烈な衝撃音が轟きわたった。

「本店、本店！」

東電本社とのテレビ会議で第一原発の所長が叫んだ。

「はい、本店」と、爆発を知らない東電本社は事務的に応答した。

「大変です、大変です、今、三号機がたぶん水素爆発がいま起きました」

「はい、緊急連絡ですね」

「一一時一分」

「一一時一分、了解です」

「地震とは明らかに違う横揺れと縦揺れがきました。地震のような揺れのないことで、たぶん一号機と同じと思います」

「一号機と同じ感じですネ」

「避難、避難……」「早く、早く……」

「ちょっとまって……」「ベントは……」

テレビから映り出された画面と音声から、現地と東電本社の両対策本部内が緊張状態にある事がわかる。

一方、第一原発の構内は黒煙に覆われ、三号機建屋は激しく損壊、放射能に汚染された瓦礫がいたる所に散乱、自衛隊が冷却注水していた頼みの消防ポンプも破壊され、ホースは損傷し、冷却活動が止まるなど原子炉にとっては致命的な状況に陥っていたのである。


「これから、日本はどうなる」

爆発被害を調べていた者から、海側にポンプ車二台が無事であったのが見つかったと報告があった。このポンプ車は、官邸からの依頼で、消防庁が福島第一原発の近隣の消防本部へ、四台の消防ポンプ車を東電へ貸与と言う形で出動させたうちの二台であった。この二台のポンプ車による注水再開が開始され、危機一髪のところを救う事になる。無事だったこの二台のポンプ車の存在こそ、菅首相が口にする「神のご加護」だったのかもしれない。

一度ならず二度も、絶対安全と言われてきた原子炉の爆発の惨状を、テレビは茶の間へ届けた。

「いったい全体、どうなっているのだ！」

「これから、日本はどうなる？」

日本中に驚きと緊張、そして、安全神話を信じきっていた多くの国民は「だまされた」と言う不安感に陥った。

三号機の爆発は、二号機の冷水注入を中断せざるを得なくなった。

「原子炉冷却機能喪失」

三月一四日午後一時二五分、緊急対策本部から東電本社などへ報告された。

ついに来るべき時が来た。

今やこの難局を乗り越える方策は、無事であったポンプ車による海水注入を急ぐことであった。だが、注水をするには原子炉内の減圧をする必要があり、所員たちの人力で減圧装置の電源となる自動車のバッテリーを集める作業が進められた。放射線量が高くなった構内で行われ、一方では、三号機の爆発で飛散した瓦礫を除去しながら、ポンプ車で海水を送るホースライン作りが行われた。

「減圧開始」

午後六時過ぎに原子炉内の減圧が始まった。次第に圧力が下がり出すのが確認された。今度はポンプ車による海水注入の番である。

「ポンプ車の流量計が作動している」

午後八時前にポンプ車による海水注入が確認されたのである。緊急対策本部はホッと安堵した瞬間であった。しかし、それはつかの間でしかなかった。

「二号機、圧力異常上昇」

一旦下がった格納容器圧力が再び上昇を始めたのである。同時に構内は高い放射線量が測定されていた。

午後一〇時五〇分、東電本社は記者会見で「二号機、圧力異常上昇」を発表した。

怒りの総理大臣

爆発するならその前に「最小限度の人員を残して避難」しよう。

第一原発の緊急対策本部では、そんな最悪のシナリオを考え出していた。それは「格納容器の爆発」であった。

「東電が現場から撤退」と言う話が首相官邸まで広がった。

日付が変わった一五日午前三時過ぎに官邸で緊急会議が行われた。その席上で菅首相は開口一番「撤退なんてあり得ない」「まだ、やれる事がある」と声高に言った。

「社長を呼べ」

菅首相は強い口調で言い切った。

深夜の呼び出しを受けた東京電力の社長は、菅首相が待つ官邸へ駆けつけた。

「撤退はあり得ない、そっちに担当者を常駐させる対策本部を作るから」

菅首相は、今までの東電へのやり取りで不信感を抱いていた事から「本店へ入る」を決めつけたのである。今や一刻の猶予は許されない「即決即断」こそが必要だと菅首相は判断したのである。

菅首相はすぐさま「政府と東電の対策統合本部」の設置を記者発表した。

東電本社は千代田区内幸町にあり、永田町の官邸からは一・五キロの距離にあった。

菅首相は、記者発表して直ぐに行動に移し、一五日午前五時半頃には、東電本社へ乗り込んで来た。

「総理大臣が来る」

突然の連絡、しかも早朝の来訪とあって、多くの東電社員らは戸惑いを感じたが、不眠不休で激務に励んでいる自分達のために総理が激励に来てくれたと思っていた。

東電本社二階の対策本部には全役員が招集され、社員らで埋め尽くされていた会場に、菅首相は案内されるままに無言で二階の会場に入った。そして一気に、堰を切った様に強い口調で語り出したのである。

「福島原発で起きている状況がどういう事を意味しているか分かっていると思う」と切り出し、「事業者と合同で総合本部を設置することが望ましいと判断し、首相である私が直接指示できる事とした」

原発災害の「総指揮者は菅直人総理大臣である」と東電社員に明言したのであった。

「事故の被害は甚大だ。このままでは日本国は滅亡だ。撤退などあり得ない、命がけでやれ」

絶体絶命のピンチに日本国がある事を強調した言葉を発した。

「東電の情報が遅い、不正確だし誤っている。一号機の爆発でもテレビが映し出しているにもかかわらず、一時間もかかっている。目の前のことだけでなく、先を見据えてやれ」

東電への不信感をあらわにし、そして口調は次第にきつくなっていった。

「六〇歳になる幹部連中は現地に行け。俺も行く。社長も会長も覚悟を決めてやれ」

首相としてあまりにも過激な発言に、聞き入る東電社員は我が耳を疑った。そして菅首相は東電幹部らを見回しながら、激しい口調で言い放った。

その模様が、福島第一原発、福島第二原発、現地対策本部の大熊町オフサイトセンター、新潟の柏崎刈羽原子力発電所に同時中継されていた。

日本経済を支えてきたと言う電気独占企業の驕り、「責任回避の楽園」と化した大集団組織の責任のなすり合い体質などに腹を据えかねていた菅首相は、前列に並ぶ東電幹部に対し「烏合の衆」を戒める意味を込めた、捨てゼリフとも聞こえる強烈な言葉で演説を締めたのである。これは原発災害の総指揮を執ることを宣言した自分自身に言い聞かせた言葉でもあったのかもしれない。

避難する社員と戻って来る社員

「二号機において大きな爆発音がした」

午前六時過ぎ、まだ菅首相が東電本社にいた時に報告があった。

「二号機の格納容器の圧力がゼロになった」

午前六時三七分、対策室から東電本社等へファックスが送られ、菅首相は東電本社二階の小会議室で足止めになった。

「またかよ――！」

東電本社で報告を受けた菅首相ら政府要人や東電幹部は、「いよいよ来るべき時が来たか」と、それぞれが原発災害の最悪状態のシナリオを頭に描き、沈鬱（ちんうつ）な面持ちに変わった。

菅首相が重い足取りで官邸に戻ったのは午前八時を過ぎた頃だった。

爆発は当時予想していた二号機でなく、四号機である事が分かった。

爆発音と同時に四号機の建屋の屋根付近が破損し、周囲には破損した瓦礫が散乱していたのである。四号機は定期点検中で、核燃料はすべて取り出されて、建屋の上部にある使用済み核燃料プールで水に浸かって冷やされ保管されていた。だが、核燃料は保管されていても冷やし続けなければならない。その大切な冷却ポンプの外部電源が断たれたために冷却水の補給に支障をきたし、水温が上昇して爆発したものと分かった。

建屋上部の破壊は、上空から燃料プールが丸見え状態となり、核燃料がむき出しになって大規模な水素爆発の危険性があった。その際には遮蔽するものが無い四号機建屋の核燃料プールからは、ぼう大な放射性物質をまき散らす結果が危惧されたのである。

今や、核燃料の暴走を食い止めるには、どんな方法であろうが、どんな事があろうが、「冷却注水」こそが、絶対的な必要条件であったのである。

「必要人数を残し退避！」

所長の「指示」が飛び、ざわめいていた免震重要棟内の緊急対策室が、一瞬、凍りつくような緊張感に包まれた。

人にはそれぞれ、職場や家庭の事情、そしてその人の人生がある。

社員たち一人一人が、極限の選択を迫られた。

「人として、どちらを選ぶべきか」

自分自身の心の中で葛藤し、自分なりに決断し、そして、各人がそれぞれの行動をとった。

免震重要棟内には、社員約五〇人を残し、避難を選択した社員たちは、マイクロバスで放射線量の高くなった構内を突っ走り、福島第二原発へと向かった。この時、爆発で第一原発構内は放射線量が高まり、「三号機付近で毎時四〇〇ミリシーベルトに達した」と官房長官が記者発表したが、その他の場所でも三〇〜一〇〇ミリシーベルトと言う高い数値が計測されていたのである。

——原発事故での被ばく限度

人は日常生活でも自然界から何らかの放射能を浴びている。そうした自然界やレントゲンなど医療行為を除いた被曝の上限は、年間一ミリシーベルトとされている。累積の被曝線量が一〇〇ミリシーベルトを越えると、癌による死亡率が高まるなどの影響が出ると言う調査結果もある。

だが、原子力災害等では例外的な基準が適用がされ、国際放射線防護委員会では、緊急時の被曝限度の目安を年間二〇〜一〇〇ミリシーベルトとしている。日本政府は福島第一原発事故の発生直後の三月一四日に、緊急措置として原発作業員の被曝限度を累積一〇〇ミリシーベルト〜累積二五〇ミリシーベルトに引き上げた。放水に従事した警察官や消防職員は活動の限度を一〇〇ミリシーベルトとした。

●　●　●　●　●　●　●　●　●　●　●　●　●　●　●

「俺たちには、まだ、やらねばならない事がある」

一六日、一旦は第二原発へ避難した人が、第一原発へと戻って来たのである。

爆発で受けた被害は大きく、新たな爆発が発生したら建屋本体が倒壊の危険が十分に考えられ、余震が続く中、再度、大地震が起きる可能性もあり、正に日本崩壊の危機に瀕していたのであった。

「何が何でも注水」

原子炉の暴走を止めるにはこの一言につきた。だが「原子炉を冷やす」作業には多くの人手が必要であった。

戻って来た仲間らと、飛び散った瓦礫などの撤去や、送水装置への外部電源の架設作業、そして貸与されたポンプ車で、ひたすら果てしない「冷やす」ための作業が続けらなければならないのである。

原子炉の冷却放水作戦

幸か不幸か、爆発で建屋上部が吹き飛んだことで、上部から燃料プールへの放水が可能になったのである。

「何が何でも放水」

国が動いた。

自衛隊と警察による、陸と空からの前例のない原子炉放水作戦が実行されたのである。

一六日、警視庁へ「原発への放水」の依頼がきた。

一七日午後四時頃、暴徒を制圧するために製作された放水車が福島第一原発に到着した。

到着はしたものの、警察の放水車両の目的は暴徒制圧のためであり、高所へ向けての放水は適さず、下から吹きかける放水が主になっていた。

放水車の目的外使用では、建屋上部への放水は霧状になり期待通りの有効放水は難しいと判断されたが、東電側から「何でも構わない、やってほしい」と、放水を懇願され、四人が乗り込んだ放水車で目標である三号機を目がけて、四四トンの積載水を一〇分間放水した。

再度の放水を予定していたが、被曝上限にセットした線量計が鳴り、隊員の身の安全から一旦退去せざるを得なかった。再度の放水の計画は、自衛隊のポンプ車が投入されたため、警視庁の放水任務は一回で終えている。

当時の警視総監は後に、記者のインタビューで「機動隊員は危険を顧みずに『行く』と言うに決まっている。東電社員が道案内をするとまで言っているのに、警察官が逃げるわけにはいかないと言う気持ちもあった。現地の無線が途切れがちで、放水の状況がわからず、待っている時間が長く感じられたが、隊員の無事を確認した時は、やれるだけの事はやったと、ホッとした」と述べている。

「消防車二台、原発の放水を実施せよ」

一六日の深夜、防衛省から茨城県の航空自衛隊・百里基地の施設隊長へ命令が下った。施設隊は基地施設の維持管理が主な担当業務だが、基地施設の火事等の有事に備えて自衛用の消防ポンプ車が常備されている。

一七日午前三時過ぎ、命令により百里基地を出発、早朝に前線基地であるJヴィレッジに着いたが、防衛省と官邸との間の調整などで手間取り、一二時間余り出動命令がなく待機姿勢とならざるをえなかった。

ようやく午後四時過ぎに出動命令が下った。

消防車五台、化学防護車二台、東電のマイクロバスなど九台が、午後六時半に正門に到着した。すでに日は落ち、真っ暗闇の中を進むとアラームが鳴り続けた。警報が鳴り続ける中、三号機へ向けた第一回の放水で、一〇トンの水は二分で終え、更に、隊員が交代しながら放水は続けられたのである。

陸上と合わせ、空からの放水作戦が始まった。

一六日、防衛大臣から「自衛隊のヘリコプターで空中放水」の指示が出た。

指示を受け、ただちに自衛隊のヘリが偵察をかねて福島第一原発上空に向かった。しかし、第一原発上空では強い放射能が観測され、予定していた放水を断念して引き返したが、この偵察で放水目標は三号機を優先とする事に決まったのである。

翌一七日午前九時、大型輸送ヘリが千葉県の木更津駐屯地から発進、途中で海水を直径約二メートルのバケットに最大七・五トンの海水をくみ上げ、目的地上空まで搬送し、放射線量が高濃度であることから、移動航行しながら投下を行う事にして、一挙に海水を三号機建屋へ目がけて投下した。

自衛隊ヘリによる空中放水の模様がテレビで放映された。

ヘリコプターから撒かれた海水が霧状となって舞うテレビ画面に見入った人々には、やっと具体的な原子炉の暴走を食い止める活動に「やった――」と一時の安堵感を抱く人もいたが、一方で、この程度では「焼け石に水」とその効果に疑問をもった人も多くいた。

午前一一時二七分、防衛大臣が空中放水についての臨時記者会見が行われた。

「昨日行う予定であったが、放射線濃度が高いため撤退しました。地上からの放水が非常に高い濃度で接近できない中、今日が限度であると判断して実行した」とコメントした。

自衛隊と警察との陸と空からの注水活動が行われたが、福島第一原発の危機は解消されてはいなかった。依然としてポンプ車による注水と言う綱渡りの対応に追われている状況は変わっていなかった。

ぬか喜びの電源確保

「原子炉の暴走を止める」

これこそが東電にとって、今やるべき最重要課題であった。だが、現実にはポンプ車による「冷やす」ことに頼るしかなかった。

東電としても、当然ながら、いつまでもポンプ車による注水だけを頼っていたのではなく、現状を打破すべく、試行錯誤を繰り返しながら電源復旧についての努力は続けられていた。

東北電力の送電線を利用しての送電ケーブルを敷く工事計画が進められていたのである。

東京電力の命運を賭けた送電ケーブル作業は着々と進められ、ついに、待望の「近く電源復旧」と言う明るいニュースが流れた。正に、待ちに待った外部電源が、震災以来一一日ぶりに福島第一原発へつながったのである。

「電源確保」それは、日本存亡の危機を救う快挙と言われるほどの安堵感が官邸内にも漂った。

「やっと、峠を越えた」

誰しもが、これで危機を脱せると信じた。だが、喜びは、つかの間でしかなかった。

「えっ、冷やせない？」

喜びは落胆に変わった。

通電しても、計器類に不都合が生じたり、冷却水を循環させるポンプが壊れたりしていて、運転ができず、原子炉の冷却装置は稼働しなかったのである。

「何しているんだ！――」

落胆と憤りが広がった。

電源が確保されても「冷やす」には、消防ポンプ車を使っての注水を続けるしかなかった。

「日本崩壊の危機」は、未だ続いていた。

第四章　その時、東京も大混乱になった

その時、東京消防庁の災害救急情報センターでは

東日本大地震は首都・東京にも大きな被害が出ていた。

停電、通信障害、鉄道運行全面停止、交通渋滞、帰宅困難者……と、都市機能はマヒ。首都防災を担う東京消防庁は、激増した火災に救急・救助に翻弄され、かつて経験した事が無い試練に立たされたのである。

火災、天井の落下、転倒、エレベーターに閉じ込め。その日、東京消防庁では、一時間だけで一日分に相当する二八八一回にも及ぶ一一九番通報が記録された。

絶え間なく鳴る一一九番。受け手が出ない緊急電話の向こうからは、無情にも呼び出し音だけと言う異常事態が翌日まで続いた。

東京二三区内の一一九番は、東京都千代田区大手町にある東京消防庁災害救急情報センターですべて受信される。東京二三区以外の多摩地区の一一九番は、東京都立川市にある東京消防庁多摩災害救急情報センターにつながる。

普段でも、一日に約三千件近い一一九番が東京消防庁災害救急情報センターへ殺到してくる。

その情報センターに勤務する担当官達は、二四時間休む事無く、救いを求める都民の声を聞き、一刻も速くと、消防車や救急車を現場へ急行させ、その人がどんな人であれ、ただ、ひたすらその人の無事だけを祈る。

毎日くり返される、人の生と死に係わる一一九番通報。その裏側では、悲喜交々（ひきこもごも）の、人知れぬ様々な人生模様が繰り広げられている。だが、一一九番を担当官達は、その人がどんな人生を歩んで来たのか、これからどんな人生を送るのかを知る事はない、それは担当官の仕事外であるからである。

「ピーピーピー」

平成二三年三月一一日午後二時四六分、緊急放送の予告ベルが鳴った。

東京消防庁の本部庁舎内に予告と同時に「緊急地震速報」が一斉に流れた。

一一九番を担当する警防部総合指令室長の阿部寛三は、執務中の手を止め、耳をそばたてた。その瞬間、いきなりの横揺れの地震を感じ、阿部室長は机の端を掴み身構えた。

「地震発生。直ちに所定の行動をとれ」

東京消防庁の庁内緊急放送が流れた。

横揺れは次第に大きくなり、机上の書類が床に飛び散った。

「大きいー。来たな！」

阿部室長は、大地震発生を直感。「落ちつけ！」と自分自身に言い聞かせ、日頃から頭に叩き込んでいた一一九番の担当責任者としてやるべき事を思い描いた。

長い揺れが治まるのを待っていた阿部は、慌てる事を戒めるように、意識的にゆっくりと自席から立ち上がった。

総合指令室の事務室にいた職員は、いつもの震災訓練とおりに、連絡員を一人室内に残し、一一九番の受信と消防・救急隊の部隊運用を統括する東京消防庁の心臓部である「災害救急情報センター」へと急いだ。


一一九番の受信台と、消防隊に出動を命令伝達する指令台、出動した消防隊と交信をする無線台など、最新の情報通信機器がずらりと並ぶ「災害救急情報センター」には、すでに一一九番通報が殺到し、センター内は騒然としていた。

「ガラスで切った。血が止まらない」

「階段から落ち、動けないー」

担当官らが目まぐるしく動き回っている中、一一九通報のベルが悲鳴をあげるようにセンター室内に響きわたっていた。

事務室から駆け付けた職員達が支援に加わったが、一二台の受信台には一一九番の着信を知らせる、赤・青・黄・白の表示灯が点灯され、全ての一一九番通報を受理するだけの許容範囲を超えていた。

一一九番をかけても、通報者の耳には、人の声ではなく、機械的な呼び出し音だけが繰り返される、いわゆる一一九番の「滞留」が始まっていたのである。

「一一九番をかけているのに、どうして出てくれない！」

一一九番をかけた人々が、呼び出し音だけが繰り返される受話器を握りしめ、戸惑い、苛立ち、怒り、そして不安と憤懣にかられている事が、指令室長の阿部には容易に察しられた。だが、受話器を握りしめ応答を待つ「届かぬ声の主」はどんな人物なのか、指令員達はその人となりを知る事は無い。地震発生と言う非常時では、指令員の知りたい事は「緊急性があるのか、無いのか」であり、救急車の出動を可能な限り抑制して、さらなる最悪の事態に柔軟に対応できる態勢を維持する事にあった。だが、「届かぬ声の主」にとっては、一一九番通報した時こそが、その人の緊急事態であると言う事を、指令員は理解している。

総合指令室としては、頼りとしてかけた一一九番通報の滞留を一刻も速く解消し、人と人との対話に戻す事が必要とされていた。しかし一一九番通報の滞留は増え続けていた。いざと言う時に「届かぬ声の主」の心境を阿部は「無念」と語り、救いを求める声に応えられぬ責任の重さを強く感じ取った瞬間でもあった。

「受付補助台を増強しろ」

阿部は即座に下命をした。

応援に駆け付けた係員は、すぐさま稼働中の一二台の一一九番受信台に、予備の通信端子を接続して、受付補助台二二台の増設を図った。だが、災害情報システムはコンピューター化されていて、各種設備機器の操作に習熟したオペレーターが必要とされる。せっかく増設した一一九番受信も、一一九番処理を迅速適切に処理できる経験者の応援が必要であった。

阿部は予てから計画していた指令係員の増員体制の実施に踏み切った。その増員計画とはインフルエンザの猛威が社会問題になっていたのを教訓に、インフルエンザ感染で多数の指令係員が長期に病欠した最悪の事態を想定して、本部庁内の他部所で勤務している指令業務経験者を予備員として事前にリストアップしてあったのである。

すぐさま、他の部署の勤務員一六人の指令業務経験者が応援に駆け付けて来た。

これでどうにか一一九番受信態勢はフル回転できたかと思えたが、一一九番通報は一挙に増え、一時間で二八八一件と言う、未だかつて経験した事のない驚異的な一一九番の着信記録となった。その結果、一時期には、都内の二三一隊の全救急車がフル出動となり、待機している救急車がゼロと言う緊急事態までになったのである。

「天井が落ち、下敷きになったケガ人が多数います……」

「何丁目、何番ですか?、九段会館ですね。はい、分かりました。救急車が向かいます」

多数傷者発生の通報である。

一一九番通報は興奮気味ではあったが、情報は的確に災害救急情報センターに伝えられ、情報センターは多数傷者発生に備えて、特別救助隊と救急車の同時出動と救急ドクターの現場への出動要請を行い、集団救急事故に対応した。

「交通渋滞、現着遅れる」

出動隊からの情報が相次いで報告されてきた。

首都高速道路は全面が通行止め、JRと私鉄各線も全線ストップ、公園や道路に溢れる人々、すでに都内各地で交通渋滞が始まり、都市機能がマヒ状態に陥っていた。

集団救急事故現場は、靖国神社に近い千代田区九段南一丁目の九段会館の大ホール。専門学校の卒業式が行われている最中に地震が起き、二階の天井が幅約五メートル、長さ二〇メートルにわたって崩落した現場では、廊下や通路には数人の血まみれで倒れている怪我人、そして恐怖に慄き泣きわめく人々が多数いた。

「こっちにも一人いるぞ！」

倒れた仲間を支えながら救急隊員を呼ぶ学生。

「もう大丈夫だ、救急隊が来た」

ケガをした友人を励ます人。

晴れの卒業式が暗転した現場は、悲鳴と怒号と恐怖に脅え、大混乱する中、消防隊は、負傷者の重症度を判定するトリアージを実施し、二九人を救急搬送したが一名の死者を出す惨事となった。


「ビルが燃えている……」

「ビルの屋上から黒煙が上がっている……」

続けざまに一一九番が入った。

東京消防庁の高所カメラと、ヘリコプターによる上空からのテレビ画面からも黒煙が確認された。

「火災入電中。ビル火災・黒煙上昇・延焼中……」

出動中の各消防隊へ指令が流された。

黒煙あがるビル火災は、江東区青海に建設中の海上保安庁の一〇階建てビル屋上で、防水用のコールタールを釜で加熱中、地震の揺れでこぼれ、屋上一面に敷いてあったコールタールに燃え広がり、黒煙が東京の空を覆った。

余震の揺れで不安が続く中、テレビ画面から映し出される身の毛がよだつ津波惨事、そして東京では黒煙上がるビル火災。

テレビを観た多くの人々は、地震災害の恐ろしさに慄(おのの)き、黒煙を上げるモニター画面を見た指令担当者は、「これから、東京はどうなるのか」と、その当時の心境を語った。

「エレベーターに煙が……」と新宿区の病院から。
「隣の家から煙が……」と墨田区の飲食店から。
「3階から煙が……」と豊島区のマンション住民から。
続々と入る火事の一一九番通報。一方では「助けて……」と救助救急の一一九番通報が入電してきていた。

「交通渋滞、到着遅れるー」

出動した救急車からの遅延報告が増え続け、一一九番が入電するも、処理できない一一九番の滞留は続いた。

「重症トリアージと伝票処理に切り替える」

阿部室長は全員に告げた。

● ● ● ● ● ● ● ● ● ● ● ● ● ●

――「トリアージ」とは

本来であれば、多数の負傷者が出た現場で、医師や救急救命士らが負傷者の重症度を判定して搬送の優先順位を決めるものであるが、今回の東京消防庁の執った「重症トリアージ」は、負傷者と直接に対面した事故現場とは異なり、一一九番の通報内容の聴取だけで救急出動の優先を決めると言う、通信指令員にとっては責任の重い行為となった。また、聴取して明らかに軽度と判断できた場合には、相手が救急車の出場を強く求められ、懇願されようが、私情を捨てて、自力で医療機関へ行く事を説得し、納得させる、根気と説得力が要求された。そして後日、トラブルに生じないように、その対話のやり取りを救急伝票に書き止めておく処理方法がとられたのである。


「ハイ一一九番、火事ですか、救急ですか?」

やっとつながった一一九番に、ホッと安堵して話し出す人、苦情を言い出す人、いきなり「遅い、何をしているんだ!」と怒り出す人など、人さまざまな感情を見せた。

受信した担当者は、止むに止まれぬ事情を根気よく説明し、理解を求め続けた。

「今、救急車が出払ってます」「到着まで時間がかかります、それでも待ちますか」「ご近所に声をかけ、手助けを頼んでみて下さい」「かかり付けの病院へ相談してみて下さい」と、担当官は汗だくの対応に追われた。

重症と判断されたのは九二件。それ以外の一一九番対応では、担当官が聴取して速記した「災害伝票」には「待つ」と「辞退」それに「一時様子をみる」などの文字が書き留められ、そして受け付けてから出動指令まで二時間以上を要した時間帯が地震発生から約四時間の長きにわたったのである。

どうにか一一九番の受信が期待どおりに対応できるようになったのは、日付がかわり東の空が明るくなって来た頃になってからであった。それでも、まだ欠かせない仕事が担当者たちには残っていた。

重症トリアージの実施で、救急車の出動を抑制せざるを得なかった未処理の災害伝票が、デスクに積み上がっていた。それは担当官たちの悪戦苦闘をした一つの証でもあった。そして今度は、「待つ」「様子をみる」と記入された災害伝票の案件を一件ずつ通報者へ電話で救急車要請の要否を確認する必要があった。

一一九番してから数時間、消防から何も連絡が無く梨の礫にされていた通報者からは、鬱積した厳しい苦言が浴びせられる事が予想されたが、しかし、担当官が想像もしていなかった「わざわざ電話を頂きありがとう」の感謝や「大変でしたね、お身体に気をつけて頑張ってください」と逆に励まされる言葉が多く寄せられた。

「我々の事を、誰かがどこかで見ている、見てくれている」と、担当官は当時を回想した。

一面識もないその人の言葉に、担当者の心は癒されるたに違いない。その人がどんな人なのか、その人の、人となりを知る事は担当者には無い。

「どこかで、人は見ている」

担当官は、この事を心して、一一九番の受付指令台に向かった。

指令室内の喧騒が沈静に向かってきていた。だが、一夜明けた東日本の被災地では救助を求める多くの人がいる。現場で懸命に救助活動に、消火活度にあたっている人もいる。そして現場へ応援に駆け付ける消防隊もいる。阿部は、日が昇る東方へ向かって被災者の無事と隊員達の安全を祈った。そして、阿部は「一〇〇点満点とは言えないが全力を尽くしたつもりだ。協力してくれた多くの都民の方々に感謝したい。そして、この経験を今後に生かす事が我々の責務だ」と言葉で締めた。

その時、消防総監は

首都東京の重要な行政課題は、東京の直下型地震対策と言える。

「自分の任期中には大地震が無い事」が、歴代消防総監の誰でもが口にする悲願である。

東京消防庁のトップに立った新井消防総監を「人が変わった」と同僚が言った。

平成二一年七月、東京都知事から第二二代東京消防庁消防総監の辞令を受け、東京・大手町の本部庁舎に一歩足を踏み入れると、一階ロビーの「防災像」が新井雄治・新消防総監を迎えた。

この瞬間から新井総監は、組織のトップとしての孤独との戦いが始まったのである。

総監就任したその日、新井は一人で総監室から緑多い皇居と高層ビル街を見渡し、あらためて首都東京の地震対策の厳しさを実感として受けとめたのである。

都民の生命身体財産を守り、消防職員の安全を確保するために、消防総監として何をすべきか、新井の自問自答する苦闘の日々は続いた。

● ● ● ●

——防災像の歴史

日本の敗戦で荒廃した東京都の中でも、「東京の片田舎」とも揶揄(やゆ)されていた葛飾区の本田消防署で日夜訓練に励む消防隊員の姿があった。物不足でホースは水漏れの古物、故障だらけのオンボロポンプ車、寸足らずの質素な防火衣、それでも隊員はめげずに消防活動に誠心を込めて励んだ。

消防署の近くに住む、福岡県博多出身の彫刻家の花田一男（当時五〇歳）がその真摯な姿に接し、いつしか消防隊員らと懇親を深めていき、火事場では勇敢と評価されるが社会的には地味な存在であり、消防の真の姿を社会に示す物が少ない事に気づき、国民の安全と殉職者の慰霊を入魂した「防災像」の作成を決意。本田消防署員三人をモデルにして、楠一本の木で製作に入り、昭和三一年に完成した「防災像」は、同年秋の日展に入賞した。

その後、防災像は花田氏から東京消防庁へ寄贈され、本部庁舎に置かれ入退時には頭をさげる消防職員もいて、東京消防庁の安全のシンボルにもなっている。

その後、この防災像を原型にして美術院会員で彫刻家の朝倉文夫氏が青銅の防災像を作成し、消防顕彰碑として殉職消防職員の名を刻み、現在は渋谷区の消防学校の校庭に設置され現在に至っている。

新井消防総監の願望は「殉職者を出さない」である。

新井が消防総監に就任以来、毎年三月七日の消防記念日には防災像の前で殉職者への慰霊の黙とうが恒例となって行われるようになった。

平成二三年三月七日、「消防記念日」の日、新井消防総監ら幹部一同が消防学校の防災像の前に列席して、消防職員の「安全祈願」を行われた。その四日後の三月一一日に東日本大震災が起き、多くの消防隊員が被災現場へ救援出動し、長期にわたる死闘を乗り越え全員が無事に帰還したのである。

追記……山形県新庄市から上京した森公二（現在、㈲モガミファイヤー21社長）が消防士となり本田消防署勤務となっていた頃の縁で、森公二と花田氏の二人は親交を深め、花田氏が没した後も森は遺族と親交を続け、クリスタル「防災像」など、防災像の著作権を㈲モガミファイヤー21が有する事になり、福島原発の冷却放水に当たったハイパーレスキュー隊員へ、自社製品のクリスタル「防災像」を記念品として寄贈した。

● ● ● ● ● ● ● ● ● ● ●

三・一一その日、新井総監は新宿の東京都庁にいた。

その日は、都議会本会議の最終日で、石原慎太郎知事の四選出馬の去就が注目されていた。

本会議が終了して新井総監が議会控室にいた時、長い横揺れが襲った。耐震構造の都庁舎がギシーギシーと不気味な音を立てる中、階段を使い外へ出た。隣接する高層ビルの京王プラザホテルがゆらゆらと揺れているのが見え、水道導管の本管が破損して歩道の数カ所から水が四～五メートルの高さに噴水のように吹き上げていた。

新井総監は周囲を見渡した。倒壊や転倒するものは見当たらない、看板などの落下もない。

「揺れは大きいが、大災害にはならないナ」と、新井消防総監はまず一安心をした。

消防総監車に乗り込み、大手町の本部庁舎へ急いだ。だが、靖国神社の近くの九段下にさしかかった所で交通渋滞にはまった。遠くに回転する赤色灯が見えた。

「九段会館で多数集団救急事故発生……」

車載無線が入った。サイレンが四方から鳴ってきていた。

「先を急げ……」

総監車は本部庁舎へ向かった。

新宿区から千代田区へ向かう道すがら、新井総監は車窓から都心部の被害状況を、自らの目で確かめたのは、その後の消防活動の作戦に大きく役立ったのである。

新井総監は、大手町の東京消防庁本部庁舎へ到着するや、階段を駆け上がり、佐藤警防部長が陣頭指揮している作戦室へ飛び込んだ。

マルチスクリーンからは地震津波の惨事や、ヘリによる東京上空から黒煙上がるビル火災の状況が映し出され、サイドボードには、ビル火災や九段会館の救急救助の概要などが、時系列に記載され、一目で、発災から現在までの東京都内の被害状況が掌握できた。

「各消防署所庁舎の被害は軽微、人的被害無し。有線、無線とも通信機器に異常無し。出動態勢に支障なし」

「東京消防庁、警視庁、都庁とのホットライン完了」

担当者からの報告を受け新井はひと息つく思いであった。

「よし、この状況なら、いける」

夕暮れせまる首都東京は帰宅困難者が街にあふれ、未だ先の見えない情勢であったが、新井総監は現有消防力で首都東京を守り抜いて見せると、強い自信を持った。

退職目前の警防部長

四月は人事異動が行われる。

その日、三六年間の消防生活を退官する東京消防庁警防部長の佐藤康雄は、長年、使い慣れた物を整理するなど身辺整理を始めようと準備をするが、いまだに部長室内の書棚やロッカーには手つかずのままになっていた。

「あと、二〇日か」

カレンダーを横目で見ながら一人つぶやき、名残おしい半分、やれやれとホッとする気持ちで、慣れ親しんだ室内を見まわしていた。

その時だった。庁内に緊急地震速報が流れ、いきなり大きな横揺れが襲った。

「あれ？　いつもと違う」

佐藤は長い横揺れに危機感を感じ取った。

佐藤が消防の職についてからの最大の関心事であった「東京直下地震」かと、その時に佐藤は覚悟を決めた。

「大手町の震度計では震度五強。被害状況を確認して防災センターへ報告してください」

庁内放送が流れた。

震度五強以上であれば、東京消防庁では「震災非常配備態勢」が発令となり、消防職員は万難を排して指定された勤務地へ参集し、全消防職員が総動員で震災に備える事になっている。

大手町の東京消防庁本部庁舎も地震発生と同時に震災消防計画に基づき初動行動をとり、佐藤警防部長の配下では直ちに「作戦室」を設置した。

作戦室は災害救急情報センターと背中合わせの場所にあり、常に情報連絡体制が迅速に行われる位置にあった。作戦室の中央テーブルには各部長が列席する事になっているが、この日は東京都庁で都議会の予算委員会が行われ、消防総監をはじめ関係部長が出席したために、佐藤部長が東京消防庁の「最高作戦会議」の責任者となり、地震対策の総指揮を執る事になった。

作戦室のマルチスクリーンには各テレビ局の放送画像が映り出され、東京消防庁の消防ヘリ二機が東京上空から災害状況を放映していた。

「ビルの屋上から黒煙が上昇、延焼中」

消防ヘリから黒煙が上がるビル火災の延焼画像と音声が作戦室に実況で送られた。

「九段会館で集団救急事故発生……」

災害救急情報センターから口頭での報告と、災害伝票が矢継ぎ早に作戦室へと届く。

作戦室のサイドボードには、災害発生から災害経過が時間ごとに次々と書き込まれ、一目で災害の推移が分かった。

増え続ける一一九番通報。追いつかない一一九番受信。消防が災害を覚知する手段は電話通信だけでは限界にきていた。「情報の空白こそ被害が大きくなる」と、作戦室の責任者となった佐藤は各消防署所に高所見張り警戒を指示した。管内の高層ビルからの消防隊員の肉眼による災害状況の早期発見に当たったのである。

三月一一日は、佐藤康雄には退官前にやり遂げなくてはならない、長い仕事の始まりの日でもあった。

「又、でっかい地震が来るぞ」

身体に感じる不気味な余震が起き、ギシーギシーと東京消防庁の本部庁舎も揺れ、そのつど作戦室内に緊張が走った。

午後三時台の一時間の間でも、三時〇六分に三陸沖を震源とする地震で青森などで震度四、三時一五分に茨城県沖が震源で震度六弱、三時二六分に三陸沖が震源の盛岡市等で震度四、三時四一分に岩手県沖で震度四、三時四一分に宮城県沖で震度四、四九分に岩手県沖で震度三、茨城県沖で震度四など、テレビの地震速報で分かっているだけでも八件の大揺れの余震があり、国民の間で地震パニックが起きていた。余震は夜になっても頻繁に起き、多くの国民は眠れぬ一夜を過ごす事になったのである。

あいつぐ余震が続く中、都内の火災や事故が増え、消防車と救急車の出動が一気に急増した。

次から次と書き加えられるサイドボードには、すでに余白がなくなり、増え続ける災害や事故に追いつかない消防部隊の出動制限が必要になってきていた。

「消防隊を確保しておけー」

佐藤は少数精鋭での部隊運用を指示した。

手持ちの消防隊を可能なかぎり確保して、今後の予期せぬ災害に備えておく必要から「現場活動は現有の消防力で頑張ってほしい」と各隊の奮起を促したのである。

余震が続く中、作戦室のマルチスクリーンに猛炎渦巻く石油コンビナート火災の模様が映り出された。

「今度は、東京湾が炎上だー」

作戦室にどよめきが上がった。

午後三時三五分頃、千葉県市原市五井海岸の石油コンビナートでLPGタンクが爆発炎上し、隣接するタンクへ延焼危険があるとの情報が作戦室に入電された。

液体燃料タンク群へ燃え移ったら「東京湾炎上」と言う最悪な事態が予想され、東京消防庁は大型化学車の応援出動準備に入った。

夕暮れが迫り、帰宅困難者が街に溢れ、都内全域で交通渋滞が起き、出動した消防・救急隊はサイレンを鳴らしても一向に前に進まず立ち往生していた。

大混乱の中での火災や救急に加え、総務省消防庁からの津波災害への緊急消防援助隊の派遣命令、そして石油コンビナート火災などと、東京消防庁の作戦室は殺気だっていた。

午後四時三〇分に津波災害への支援隊の出動、同四時四〇分には、消防庁長官から石油コンビナート火災への緊急消防援助隊の出動要請がなされた。

緊急消防援助隊の出動

作戦室のマルチスクリーンに映り出されテレビ画面は、津波による濁流で流される家や車、そして黒煙を上げて燃え盛る津波火災の大惨事を見せつけていた。

作戦会議で、「東京消防庁の現有の消防戦力を減らしてでも、被災地へ応援すべきである」と言う意見で一致していた。

新井消防総監は、テレビ画面の情報からして、一隊や一〇隊程度では事が治まらない、一〇〇隊単位の消防隊を継続的に投入する長期的作戦を視野に入れた支援態勢を図る事が必要と判断して、国（総務省消防庁）からの指示を待つ前に、既にできている派遣計画の再確認を指示した。

「この被災地の東北を、東京消防庁は決して見放してはならない、総力をあげて支援に当たる」

新井総監は、東京消防庁の最高作戦会議で「総力支援」の活動方針を決定した。

この時、すでに福島第一原発では、電源喪失と言う最悪の事態が発生していた。だが、この電源喪失に伴う正に国難に直面している情報は、一部の関係者だけに限られ、この事実を東京消防庁では誰一人として知る人はいない。

一五時四〇分、消防庁長官から東京都知事へ「緊急消防援助隊の出動」の指示があった。

「宮城県気仙沼へ派遣」と、東京消防庁の派遣先が決定した事が作戦室へ届いた。

一報を受けた作戦室内は、一瞬ざわめきが起きた。作戦室のマルチスクリーンに映り出された気仙沼は、津波で壊滅的な被害が出て、行方不明者は多数と言う情報が流れていた。作戦室では情報収集のために気仙沼の消防本部へ電話を入れるが通信不能で、気仙沼の状況はテレビ情報が唯一のものであった。

一六時一五分、派遣要請を受けた東京消防庁は「指揮支援隊」を消防ヘリで宮城県へ派遣。一六時三〇分に第一次「緊急消防援助隊東京部隊」一四隊五四名、二〇時四〇分に第二次派遣隊三二隊一三〇名、更に市内で大規模火災が発生している情報を受けて翌一二日午前三時に第三次派遣隊六五隊三〇一名が気仙沼へ向かった。発災から半日で一一一隊四八五名の隊員を派遣したのは東京消防庁が発足以来、初めての事であった。

作戦室のサイドボードの片隅に、誰が書いたか「東北がんばれ」とあった。

一方、全国の消防機関を束ねる総務省消防庁では、地震発生とほぼ同時に庁内に対策本部を設置して、全国の消防本部に対し、地震被害の状況を報告するよう求めた。だが、通信回線の途絶などの影響で情報連絡は困難となり、最も情報が欲しい大被害が予想された東日本各地の消防本部との連絡は発災の翌日の朝になると言う最悪の事態に陥ったのである。

今や、情報化社会と言われて久しいが、防災機関としての情報管理体制に大きな欠陥があった事が明らかにされた。その結果、総務省消防庁では、地震発生から翌朝までの地震被害情報は、もっぱら気象庁やテレビ報道に頼らざるを得ない、お寒い状況に置かれた。

限られた情報ではあったが、テレビ画面から観た情報から、消防庁は、被災地への大規模な応援体制が必要と判断して、地震発生から一時間たらずの一五時四〇分に、総務省消防庁長官は全国の都道府県知事に対し「緊急消防援助隊」の出動を指示した。

第一次出動指示を皮切りに、三月二五日の第六次まで八八日間にわたり、被災地の福嶋、宮城、岩手の三県を除く四四都道府県から三万人を超える消防隊員が応援で出動している。しかしこの数字の裏には、応援した各消防機関では三部制の勤務制度を一日交代の二部制勤務に切り替えるなど、消防隊員に大きな労務負担を強いていたのである。

――緊急消防援助隊

緊急消防援助隊の歴史は古く、昭和二三年に消防が警察部門から独立して自治体消防制度になった時、市町村の行政区域の境目に火災が発生した場合には、それぞれが、お互いに応援し合って消火活動を行う隣保共助の精神から、隣接する消防同志で消防応援協定を作ったのが最初である。その後、経済発展に伴う都市開発が進むにつれ、発生する災害も大規模・多様化してきて隣接同志の応援協定では対応できない事態になってきた。

昭和三九年の東京オリンピックの年に起きた都市型地震と言われる「新潟地震」では石油コンビナート火災が発生、地元や近隣の消防では大型化学車が無く、化学車を有する東京消防庁に化学消火隊の応援を要請した。だが東京と新潟では消防応援協定はないが、急遽、暫定的な応援協定を東京都と新潟県が結び、東京から化学車隊が遠路新潟へ出動し、石油コンビナート火災の消火に成功した。この新潟地震をきっかけに、遠距離の消防機関同志が相互に応援し合う都市型の応援協定の気運が高まっていった。

そして、平成七年の「阪神・淡路大震災」で、被災地の消防からの要請をうけた全国の消防が応援に駆け付けたが、法的、制度的にも問題が生じ、同年六月に消防組織法の改正がなされ、東京消防庁など大都市の消防機関の支援による「緊急消防援助隊」が誕生した。その後、平成一五年の消防組織法の改正によって、消防庁長官が緊急消防援助隊の出動を「求める」から「指示」によって出動させる事が出来るようになった。だが、3・11

●●東日本大震災においても、いくつかの問題点が生じ、今後の課題を残した。

結婚式からの非常招集

温暖の地、神奈川県逗子市は福島と違い一足早い春を迎えていた。

東京から電車で約一時間、逗子市は石原慎太郎の代表作「太陽の季節」に出てくる湘南の海に面している。

三月一一日その時、波静かな逗子海岸を見下ろす結婚式場で一組の結婚式が執り行われ、結婚披露の祝宴が始まっていた。

新郎は東京消防庁のハイパーレスキュー隊員。オレンジ色のレスキュー服を黒の礼服に身を整え、祝いの席に駆け付けた新郎の仲間ら、厳つい面々が緊張して座し、主賓であるレスキュー隊の統括隊長の冨岡豊彦がシーンと静まり返った会場で祝辞を述べていた。

突然「ズンー」と、床を突き上げる衝撃で、冨岡は祝辞を中断した。

突き上げる衝撃の後に、グラッと大きな横揺れが襲い、明るかった室内照明が消え、お祝いムードは一挙にパニックにかわった。

「落ち着いてー」

レスキュー隊員が声をあげた。

普段から災害に備えているレスキュー隊員は、こんな時にも頼りになる。

冨岡はマイクで「落ちついて下さい」と言ったが、その時にはすでに停電となり、マイクの電源は切れていた。

「津波が来るぞ、上階へ上がれ」

冨岡は皆に告げた。

窓越しに見ると、遠く離れた海上に、白波が押し寄せてくるのが確認できた。

冨岡が生まれ育った故郷は本州の最北端、津軽海峡に面した青森県下北郡風間浦村で漁業が盛んな場所。漁師の父から「板子一枚下は地獄」と言われ育った浜っ子育ちの冨岡は、海を知りつくした男である。

消防士になるため、一〇時間をかけて海の見えない雑踏の街東京へ来て、防災標語の「地震すぐ津波避難」が「地震すぐ火の始末」になっている事に戸惑ったと言う海の男でもあった。

「船板一枚下は地獄」の漁師の父が身をもって息子の冨岡に教えていたのは、「男の仕事は命がけ」であった。「津波が来るぞ」と咄嗟に口にだしたのも、父の仕事に対する姿勢を冨岡がしっかりと身に着けていた事でもあった。

伊豆の浜辺にも津波が届いたが、逗子の町には大きな被害も無く、ホッと一安心できた。

「東京は震度五だ！」

携帯電話で確認した仲間が叫んだ。東京が震度五であれば、消防官は東京の勤務地へ参集しなければならない。

「至急、帰る準備にかかれ」

冨岡は隊員たちに指示した。

結婚披露宴は後日に延期される事が決まったが、会場の内も外も混乱していた。

慌ただしい中、東京へ引き返す交通手段を確保するために、隊員達は三々五々に手分けして市内へ散った。だが、市内は既に地震による混乱が起き、電車、バスなどの交通機関は全面運行停止になっていた。

頼る警察、消防、市役所、それに旅館、ホテルと、片っ端から東京行の交通手段を確保するために隊員達は駈けめぐった。冨岡は海の男らしく、最後の手段としてヨットハーバーから舟を使っての海上交通手段を考えていた。

「ダメでした」

肩を落として帰って来て、途方にくれる隊員達。

「徒歩で、行ける所まで行くか」

すでに、スニーカーに履き替え、徒歩による強行軍の準備を始める隊員もいた。

「隊長、マイクロバスを確保した」

息を切らして隊員が駈けこんで来た。「救助に赴く消防隊の為ならば」と、レンタカー会社が便宜をはかってくれたものであった。

「やったー、助かった」

隊員達はガッツポーズでマイクロバスへ乗り込み、目指す東京へ勇躍して出発できた。

だが、すでに、いたる所で交通渋滞がおきていた。

一向に前に進まぬ高速道路、イライラが募る閉ざされたマイクロバスの中は、冨岡にとっては事態を冷静に考えられる事ができる貴重な時間を得た場所でもなっていた。


「ワァー、凄えー」

隊員のひと言で、車内のざわめきは消え、全員が声を失った。

一人の隊員の携帯電話に配信された画像を、競ってのぞき込む隊員達。その隊員達の目に映ったもの、それは津波による濁流が渦を巻き、家も車も何もかもを呑み込んで行く、町が広大な海と化す地獄図であった。初めて見る、人の手では太刀打ちできない巨大津波の自然の猛威に、隊員達は、ただ息を呑み無言のままであった。

次いで配信されたものは、福島第一原発での電源喪失の事故であった。

「いったい、どうなっているんだ」

一向に前に進まぬ車内で、隊員から苛立った言葉が次いで出た。

「目指す東京は、いまは混乱している」と、急く気持を抑えた冨岡は、隊員らの苛立ちを耳にしながら一人で「今、自分は何をすべきか」「東京消防庁はどんな対応をするのか」と思い耽り、遠くを見据えていた。

その時、東京消防庁と携帯電話がつながった。

「今、応援隊として六本部の救助が出動した。これからも第二次、三次と出動命令を出す……」

冨岡の親しくている本部の友人からの情報であった。この時、冨岡は、自分の勤務する第六消防方面本部のハイパーレスキュー隊が、津波で大被害が出ている宮城県へ応援出動した事を初めて知った。

この時、冨岡は、福島第一原発の放射能で汚染された構内へ、消防隊長として第一歩を踏む事になるとは知る由も無い。

冨岡らが、東京・足立区の東京消防庁第六消防方面本部へ着いたのは日付けが変わった一二日の午前三時二〇分。冨岡らレスキュー隊員達の長旅は終わったが、この日の夜の東京は、帰宅を急ぐ人の群れが途切れる事が無く、眠れぬ東京となっていた。

いつ果てるか分からぬ長い人の列は、あたかも、冨岡らレスキュー隊員たちが、目に見えない敵との長い戦いを暗示しているかのようでもあった。

三回の応援出動をした隊長

鈴木成稔は非番日で埼玉県の越谷の自宅にいた。

急な横揺れの地震で、とっさに「東京の直下地震か」と思った。テレビをつけると「只今、大きな揺れを感じました。落ちついて身の安全をはかって下さい……」と、アナウンサーが呼びかけていた。

揺れが収まった時、突然、隣り家の若奥さんが幼子を抱えて駆けこんで来た。

「保育園へ子供を引き取りに行かなくてはならない、この子を見ていてくれませんか」と、慌てふためき「お願いです」と頭を下げた。近所のお付き合いで、無下には断れず「早く帰ってきてください。私も出かけなくてはならないから」と、言わざるを得なかった。

テレビでは東京は震度五と放送。鈴木も非常招集で参集する準備を始めた。テレビ画面は大揺れで人々が慌てる町中の様子と、津波で家や車が濁流に巻き込まれる悲惨な状況が映り出されていた。

リュックに着替えの下着等を詰め終えた時であった。

「ありがとうございました」と、額に汗を滲ませ若奥さんが園児を背負い戻ってきた。いざ出発となったが、ＪＲは運転見合わせ。「行ける所まで行ってやれ」とマイカーで自宅をでた。だが、東京都内に入るや、予想とおりの交通渋滞で、一向に前には進まぬ大渋滞に巻き込まれた。東京の北に位置する北区の滝野川消防署へたどり着き、マイカーを置いて徒歩での参集となった。埼玉県境の北区から都心を通過して渋谷区まで直線で約一三キロ。主要道路をたどれば二倍の二〇キロはゆうに超える遠い道のり。鈴木の勤務地、渋谷区の第三消防方面本部消防救助機動部隊へ到着したのは夜一一時頃になっていた。

第三機動部隊は、平成一四年に東京消防庁唯一の放射能対策部隊として誕生した機動部隊で、鈴木は第三機動部隊の発足と同時に勤務した一人である。そこに、ＪＣＯ臨界事故を教訓にして東京消防庁が独自に制作考案した、放射線を遮る「特殊災害対策車」一台が配置されていた。

当時は「原発施設が無い東京には不要」と東京都の財務局等からも難色を示され、「税金ドロボー」と揶揄（やゆ）された事もあったが、どうにか発足を見る事が出来た。だが、消防内部からも「一度も使われぬまま廃車の運命」と酷評されるなど、発隊した当時の第三機動部隊は肩身の狭い存在であった。だが、「何もなかったから無駄」の安全神話に浸った日和見主義に異議を唱え、危機予測をし、周到な準備をしておく事の必要性を説き、「価値ある無駄」こそが危機管理の鉄則であると、主張し納得させ発足までにこぎ着けたのは東京消防庁の功績だったと言える。

鈴木は、一台しか無いその対策車の隊長として、放射能関係の特別研修を受け、自宅の本棚には放射能関係資料が並び、特殊災害の内でも特に放射能に関する知識を修得していた。そして、妻悦子もそんな夫の専門職種を理解はしていたのである。

テレビでは東日本地方の地震と津波被害が延々を放映され、福島原発の電源停止の記者会見が行われていた。

「準備だけはしておけ」

第三消防救助機動隊は出動準備を始めた。

この時、「不用、無駄」と言われていた「特殊災害対策車」が「価値あるもの」と評価される活動をする事を誰も知る由もない。そして、鈴木は三回の応援出動をする事になるとは、夢にも思っていなかった。

二四時間の救助活動

東京・立川市に第八消防方面本部消防救助機動部隊がある。

三月一一日、この日の総括隊長の髙山幸夫は、臨時勤務が明けた非番日であったが、残務処理に追われ、午後まで一人事務室に残っていた。髙山にとって三月一一日は二九回目の結婚記念日にあたる思い出の日。帰りには妻へのささやかな感謝の気持ちを込めてプレゼントを買って行こうと密かに思っていたのである。

仕事も終え、背伸びをして窓の外を見た。訓練場ではハイパーレスキューの隊員が猛訓練を行っている、遠く見える多摩の山々の緑が日ごとに濃くなり、春の到来を告げていた。その時だった。「ズシン」と突き上げられたとたん、大きな横揺れが襲った。

この時から髙山は、結婚記念日の事は頭からすっ飛び、第八消防本部での庁舎に張り付けの連続勤務となった。

地震発生と同時に、東京都町田市の大型スーパーの立体駐車場のスロープが崩壊し、第八消防本部の指令センターに一一九番が入電する。

「スロープに下敷きになった」「多数のケガ人がいる」との通報内容で、第八消防救助機動部隊機関員の三縞圭（みしま）は出動した。

三階から四階への屋外スロープが五〇度横へ傾いて崩壊し、押し挟まれた三台の車の内一台の車内に男女二人が脱出できずにいた。スロープを支える柱には亀裂が入り、衝撃を与えれば崩壊する危険がある、活動中にも大きな余震が続き、その都度、ミシミシと音をたて今にも崩れ落ちる危険な状況が生じた。救助は難航して翌日までの長時間の救助活動となった。


長い救助活動を終えた三縞は、疲れた身体を引きずり妻和美と一歳の長女彩栄の待つ自宅へ帰るや真っ先にテレビのスイッチを入れた。テレビ画面は津波の濁流に巻き込まれて、流れいく家や自動車の惨状が映っていた。三縞はホッと一息つく暇も無くテレビ画面を食い入るように見つめ続けた。あの津波の惨状の中には、我が家のように幸せな家族も巻き込まれると想像すると、三縞は居ても立っても居られない、胸が引き割かれる思いになったと言う。

出産を控えた妻、そして、よちよち歩きの我が子を見ながら三縞圭は、我が家の平穏のありがたみをしみじみと感じた。

「俺達の仲間も活躍している」

三縞は、いつか自分もあの現場へ応援に行くかもしれないと言う意識をその時に持った。

町田のスロープ惨事の以降は、三縞の勤務する第八消防本部機動部隊は、特別な火災も救助事故もなく、いたって平穏な時を過ごせていた。だが、テレビで映り出される消防仲間の派遣部隊の活躍を観ているだけの第八本機動部隊員達は、同じハイパーレスキュー隊員として「自分達も東北の被災地へ応援に駆け付けたい……」との声が次第に高まってきていた。

「総括隊長の力で我々を派遣部隊で出動させて下さい……」

機動総括隊長の高山へ、声をあげて迫る隊員達が多くなってきていた。その一人が三縞隊員であった。しかし、第八消防方面機動部隊に対する東北被災地への出動命令はなかった。だが、テレビや新聞で報じられる地震と津波の直撃を受けた福島第一原発の一連の不穏な動きを知るにつれ、三縞の消防の仲間や知人からも「消防も原発現場へ応援に……」と言った話題が口に出るようになってきていた。

「今は、いつでも出動できるように準備だけはしておけ」

高山隊長ら第八本部の幹部はこの時、東京消防庁本部から指示された「出動隊員は四〇歳以上」と言う選定基準での人選をしていた。四〇歳未満の三縞隊員は選外であったが「本人の承諾」があれば選抜できる条件があった。

「出動させて欲しい……」

選定基準を知った三縞は隊長へ、出動隊員の選定を懇願し続けた。三縞隊員の屈折放水塔車の機関員として、その手腕を高く評価していた髙山隊長は年齢が四〇歳未満であるが、出動隊員三二人の一員として三縞隊員を入れた。

第五章　海が燃えている

気仙沼は「助けて」の声であふれていた

消防庁長官からの指示で、東京消防庁は宮城県気仙沼市を支援する事になった。消防ヘリで指揮支援隊が飛び、陸路では第一次東京部隊が気仙沼へ先行して向かった。

その時、気仙沼では、海面から巨大津波が覆いかぶるように襲いかかり、真黒な濁流が次々と、家や車を呑み込んでいたのである。

「気仙沼市内は水没して海になった」と、テレビ画面が東京にも流れた。

地震と津波をもろに受けた気仙沼市。逃げ惑う人々。唖然として立ちすくむ人。その悲惨な被害の全容を、まだ、誰一人としてつかみとれてはいない。

宮城県北東部の太平洋沿岸に位置する気仙沼市は、風光明媚な観光地として知られ、特に、サンマやカツオの水揚げ量は全国一を誇る漁港都市でもある。

その日、その気仙沼市と南三陸町の一市一町を管轄とする気仙沼・本吉地域広域行政事務組合消防本部の通信指令課は三人で勤務していた。

グラッと突然の揺れで本部庁舎がギシギシと音を上げ、かつて経験のした事のない大地震を三人の消防官が経験する。

「地震発生、初動処置を行え」

指令課員達は、各署所へ無線で指令し、一一九番指令電話回線の緊急テストと被害状況報告を求めた。

揺れが収まると同時に、一一九番通報のベルが一斉に鳴った。

「助けてー」

市民からの悲鳴（ひめい）が相次いだ。

「倒壊建物多数、道路亀裂、通行不能」

「至急、至急、津波が接近」

出動した消防隊からの絶叫にも似た声が無線で受信された。

「津波で逃げられない、助けて！」

逃げ遅れた人からの一一九番の悲痛な声に、指令課員は「今はそこへは、消防隊も行けない」と、冷酷非情な応答しかできない事への無念さと、返答に窮し、息詰まる苦しさから指令課員は口をつぐんだ。

「では、どうしたらいいのか？」

通報者の声に戸惑い、「自分の身の安全を最優先にして、待っていてください」としか言えない指令課員の顔は苦悩で歪んだ。

「助けに来られないとは、死ねと言う事なのか」

市民からの、この言葉に、指令課員は返す言葉を失った。

救いを求める声に応えられぬ指令課員は、消防の仕事の限界を知った。指令課員は今でも迷っていた。

「あの受け答えで良かったのか。間違っていただろうか？」――と。


救いを求める声は一一九番だけでは無かった。

「海が燃えている。家が流れてる。助けて！」

「火事で煙が一杯です。助けての声がたくさん聞こえる。私には何もできません」

「津波が三階まで来た。もうダメ、逃げられない。助けて！」

宮城県気仙沼市の人から、ツイッターで助けを求めるメッセージが相次いだ。

どれもが極限状態に直面しているものばかりであった。

気仙沼は、「助けてー」の声で溢れていた。

イギリスからのＳＯＳ

気仙沼で奇跡のヘリ救出と言う事例があった。

地震発生と同時に、保育所と心身障害者施設では児童ら約四五〇人が近くの気仙沼中央公民館へと避難させた。津波は三階建ての公民館の二階天井まで迫り、四方は津波で囲まれ、海岸の重油タンクから流れてきた油に火がつき、公民館は火と水に囲まれ、完全に孤立状態となった。

一一九番通報をしたが地震による回線障害があり消防本部へは通じない。このため公民館へ避難した障害者施設の園長が唯一の通信手段の携帯メールで「火の海、ダメかも、がんばる」と打った。メールの先はイギリス在中の長男へ届いた。読んだ長男がツイッターに書き込んだ。

――「拡散お願いします」。障害者児童施設の園長である私の母が、その子供たち一〇数人と一緒に、避難先の宮城県気仙沼中央公民館の三階にまだ取り残されています。下階や外は津波で浸水し、地上からは近寄れない模様。もし空からの救助が可能であれば、子供たちだけでも助けてあげられませんでしょうか」――

長男の投稿は、多くのツイッター利用者が引用して再投稿する事で拡散し、日付けが代わった一二日午前零時を回った頃に、東京都副知事の目に届いた。

副知事はツイッターの内容を東京消防庁へ知らせ、消防ヘリによる救出活動へと動き出した。

一二日早朝に中央公民館上空に東京消防庁の消防ヘりが旋回しはじめ、次々と児童らを救助した。

メールを送った園長は「電話もつながらず、救助を求められない中、まさに奇跡だった」と当時を語った。

途中で自衛隊のヘリも救出に参加し、陸上からの救助者も含め四六六人全員が無事に避難が完了した。

（決断する力・猪瀬直樹著、発行・株式会社ＰＨＰ研究所）

東京からの支援隊

「助けてー」の救いを求める宮城県気仙沼市へ、東京指揮支援部隊長の五十嵐幸裕が、東京消防庁の消防ヘリ（ひばり）に乗り込んだ。

緊急消防援助隊は、二つの部隊に区別できる。一つは消防ヘリで迅速に現地へ行き、被災現場の状況把握や現地消防機関の指揮支援などに当たる「指揮支援隊」と、各都道府県単位で編成された消火部隊や救助部隊、特殊災害部隊等の「都道府県部隊」の二つがある。

一一日の午後四時一五分、東京都隊より一足先に現地入りするため、消防ヘリは東京へリポートを飛び立ち、北へと針路をとった。

夕暮れせまる東京の空は闇の中にあった。飛行は順調、だが、五十嵐隊長はテレビで観た大規模な惨状に戦慄を抱き、「何ができるのか」と不安を覚えた。

日本列島は暗かった。その行く手に真っ赤な炎が点々と見えてきた。五十嵐隊長は機窓から身を乗り出すようにして、鬼火のような炎を凝視し続けた、そして今、この眼下では地元の消防隊と消防団が、いつ終わるか知れない地震災害との死闘が繰り返されていると言う現実を突きつけられたのであった。

消防ヘリは、午後八時過ぎに自衛隊霞目(かすみのめ)駐屯地へ着陸した。その頃東京から、第一次支援隊一四隊五四人と第二次支援隊三二隊一三〇人が陸路を辿り、被災地気仙沼を目指していた。

陸路を行く支援部隊の集結場所は、東北自動車道の蓮田サービスエリア。目的地の気仙沼までは約五五〇キロメートル、先はまだ遠かったが、続々と集合する隊員達は「早く行こう」と、列をつくって先を急いだ。

一次、二次で約二〇〇人の支援隊員の中には、突然の支援出動で家族への連絡もできずに、慌ただしく車中に乗り込んだ隊員も多くいた。携帯電話は電波障害でかかりにくくなっていて家族との連絡はできず、蓮田サービスエリアに着くや否や家族へ電話連絡する隊員達がいた。やっと家族と連絡が取れた隊員、電話口から聞こえてくる妻の第一声は決まっていた。

「なぜ、もっと早く連絡してくれなかったの?……」であった。

一般企業や官公庁では、家族にも知らせる暇もないなど、突然の異動や出張は通常はあり得ないが、警察や消防では、その仕事ゆえに家族への連絡は後回しになるのは珍しくはない。

「いつ、帰れるの?……」

妻の問いに隊員の返事は「いつ帰れるかは分からない」としか応えられないのだ。

茶の間に届くテレビ画面は、津波の濁流が家々と自動車を次々と呑み込み、幾筋もの黒煙が上がる津波火災の惨状が写り出されていた。

消防と言う仕事柄から理解していたつもりでも、家を守る妻の身になると不安が募っていた。

「無事で帰って」

一刻も早く無事で帰ってと願い、夫や息子を案じる妻や親たちがいる。

停電で照明が切れ、灯り一つない暗闇の東北道に、消防隊は列をなしてただひたすら宮城県へ向かって行った。

被災地に近づくにつれ、突然に道路の地割れがヘッドライトに映し出された。

「道路に亀裂あり……」

先頭車からの無線で後続車はスピードを落とした。

「燃料補給で一般道へ降りる」

各車両への無線連絡があった。

「次のサービスエリアで休憩と機関員の交代をする」

長い道中での安全指示が伝えられた。

いつしか暗闇の夜が明け、朝の日差しが一睡もできなかった隊員達の目をまぶしく射った。

高速道路を降り一般道に下りると、地震被害が目に飛び込んで来た、目的地は近い。気仙沼市へ入ったのは一二日の朝になっていた。

気仙沼へ通じる国道四五号線のバイパス道路に鹿折トンネルがある、昭和六二年に完成した延長一八五メートルの鹿折トンネルを抜けると、高架橋上に現場指揮本部があった。

そこに消防活動の作戦図を広げた支援部隊長の五十嵐幸裕が待っていた。

この時すでに、消防ヘリ（ひばり）は偵察飛行で気仙沼市の上空にいた。消防ヘリはその後、空中消火と救急搬送など一二五回の出動を重ね、その任務を果たしている。

「これで気仙沼は助かった」

東京消防庁第一次派遣部隊の到着を、首を長くして待っていたのは指揮本部だけでは無かった。

地元の気仙沼・本吉地域広域行政事務組合消防本部警防課の佐藤宗一もその一人であった。

当時の状況を、佐藤宗一の私記の一部で紹介する。

●　●　●　●　●　●　●　●　●

――佐藤宗一の私記

消防本部で各部隊の活動の総合指揮を担当していた私は、津波警戒隊からの無線情報に耳を疑った。

「何もかも、何もかも、波がさらって行く」

「家が、車が、人が……」

私はこれらの情報を聞き「気仙沼は一体どうなったんだ」と思った。

●●●●●●●●●●●●●●●●●●●●●●●●●

その後も津波警戒が継続される中、各災害現場から「延焼拡大中」「消防力が劣勢」の悲痛な無線報告が相次ぎ、指揮本部のある庁舎からも、真っ暗闇の中で、一面を覆い尽くす火焔が夜空で荒れ狂う様子を見て驚愕した。

「この火災を、今の我々の消防力だけで、消し止める事ができるのか。どうやって消すんだ」と、猛火は衰えを見せず、消防を嘲るように、ますます怒り狂ってきていた。

東の空に明るさがさしてきた。夜明け、それは救助活動を開始する合図でもあった。だが、消防力の劣勢は歪めず、消防隊の増援が必要であった。

その時、緊急消防援助隊東京隊が、明け方に気仙沼市に到着するとの連絡が本部に入った。

「早く夜が明けろ、夜が明ければ応援隊と共に、本活的な救助と消火活動を開始できる」と思い、夜明けが幸運を運んできたと思った。そして、遠方からいち早く駆け付けて来てくれた応援隊の仲間を思い、涙がこぼれた。

だがその時、残酷な悲報がとび込んで来た。津波で被害を受けた南三陸消防署で安否が確認されていない職員がいるとの情報であった。

その事実を聞いた瞬間、今、自分が、夢の中にいるのか、現実なのか分からなくなった。

この現実をすぐには受け入れないでいた。その職員一人一人の思いが走馬灯のように駆け巡り、指揮本部内で必死に涙を堪えた。

気仙沼の惨状と、行方が分からない職員の現状を知り、それまで津波浸水区域にいるであろう妻と子の無事を祈るように信じていたが「家族が最悪の結果になっても、自分だけではない。その時はその時だ」と腹を括った。

宮城県沖地震に備え、津波災害に対処する図上訓練を繰り返し実施してきた、だが、一〇名の同僚職員が殉職した。訓練を計画した警防課員として残念で悔しい。これまでやってきた訓練は何だったのか、いや、訓練をしていなければもっと深刻な事態になっていたかもしれないと、自問自答を繰り返した。

職に殉じた仲間の死を一生背負っていきたい。

●●●●●●●●●●●●

消防隊の最前線

「多くの人が救助を求めている、全力で救助に当たれ」

気仙沼へ着いた東京消防庁第一次派遣隊へ、命令が下された。

指揮本部内で、航空写真を参考にしての救助拠点と救助活動方針を協議し、一次派遣隊は休む間もなく被災地へ向かった。

津波で流されて跡形も無い被災地で、現場の全体像を把握するには航空写真が唯一の資料となった。派遣隊は航空写真を片手に被災地の奥へと向かった。そこは隊員達には見知らぬ土地であった。しかも、小雪まじりの極寒の中での検索行動は、隊員達の身にも危険が及んだ。

現場は隊員たちの想像をはるかに上回るものであった。槍の先のように鋭くささくれ立った木片、足元はぬかるんで滑りやすく、手を触れると積み上がった瓦礫が音をたてて頭上へ崩れ落ちて来た。

地元の消防隊員と消防団の先導を受け救助の最先端現場で活動に入った。

「親兄弟は行方不明」と言う、被災者の立場でもある地元の消防隊員と消防団員は、心身を癒す事なく黙々と活動を続けた。それは消防人たちの宿命であるからだ。

「多くの老人が取り残されている」

高齢者施設が津波の被害を受け、施設から脱出できないと、先遣隊からの情報が入り、東京の部隊が救助に加わった。

高齢者施設は瓦礫の山に囲まれ、人を寄せ付けない場所に孤立していた。

隊員達の手で瓦礫をかき分け、やっと人一人が通れる長細い狭い道を作り、施設へたどり着いた。地震発生からまる一日以上、寒さと恐怖に脅えていた高齢者達を、背負ったり、担架に乗せて八八人を救出搬送した。

「ありがとう」と言って孫のような隊員の手を放さない人。「東京から来てくれたのか」と言って涙する人。「大変だったね」と逆に隊員を励ます人。

空前絶後の悲惨な体験をした悲しみや辛さどが口をついて出ると想像していたが、老人達の人を気遣う気持ちに触れて、隊員達の疲れは吹っ飛んだ。

もう二度と会う事はないであろう老人達に別れを告げ、別の検索場所を求め、隊員達は更に奥へと向かった。そこは人っ子一人いない消防隊が戦う戦場の最前線である。

「母を運んで下さい……」

崩れかかった家の前で消防隊へ哀願する人がいた。

「こっちもお願いします……」

検索へ向かう消防隊員の耳に悲壮な声がとび込む。

先遣隊が倒壊建物を検索し、死亡を確認した遺体を残し「検索済」の印をつけた建物からであった。

「私達はこの先の救助現場へ急がねばなりません。ご遺体は警察などに相談してください」と、涙を流し哀願する人の手を振り切る隊員は、歯をくいしばり、うなだれながら足早にその場を後にするしかなかった。

瓦礫の山のあちこちから号泣する声が聞こえた。被災現場はどこも非情な地獄であった。

隊員は言った。

「もう一度あの地に行き、この目で見てきたい、きっと笑顔が溢れる町になっているだろう。亡き母に似ていた、あのお年寄りの方にも会ったみたい」と。

命綱は一本のホース

第二次派遣隊の任務は気仙沼市鹿折地区の大規模火災の消火であった。

暗闇にうかぶ鹿折の街は、赤い炎が渦巻き、黒煙が街全体を覆っていた。

「すげえ……」

隊員のうわずった声が上がった。

地元消防と先遣隊が、瓦礫をより分け悪戦苦闘して一〇〇メートル以上も延ばしたホースをたどり最前線に立った。そこは火の海だった。

ムッと息がつまる悪臭が襲った。ホースを握る隊員が咳込む、隊員達は空気呼吸器を着けてはいない。

「ボーン」とプロパンガスボンベが破裂して空中へ舞った。隊員が身を隠せる安全な場所はどこにも見当たらない。

足場は瓦礫が散乱していて、一歩一歩を確かめながらの移動とならざるを得ない。隊員達の命綱は一本のホースだけであった。

一旦は消し止めた炎が、隊員をあざ笑うかのように再び燃え上がる。まだ燃えない建物の中に「逃げ遅れの人がいるか」と人命検索と消火活動を同時に行う、一歩前進、半歩後退の繰り返しの消防活動が続けられた。

「逃げ遅れ無し」と確認した建物は放任して次の建物へと検索を始め、放任した無人の建物が炎を噴き出し、歴史を刻んできた建物が、また一つ燃えて崩れ落ちて行く。それは家族の思い出までも燃え尽くしていく瞬間でもあった。

「ちきしょう……」

消火できない無念さに、いら立つ若き消防隊員。

燃えるに任せた建物を横目で見て、隊員達は歯ぎしりして自分達の無力さを思い知る。

東の空が明るんで来た。真っ赤な炎は消え、瓦礫の間から白煙が上がっていた。

火は消防隊の敵であるが、消防活動を助ける暗闇を照らす灯り役と、隊員が暖を取れる味方にもなる。火が下火になり、凍てつく寒さと疲労が隊員に敵となって襲ってくるのである。

周りが明るくなり、煤（すす）で真黒になったお互いの顔を見合わせ、やっと隊員達に笑みがこぼれた。

これでようやく鹿折地区でも本格的な人命救助検索が実施できると言う達成感が、隊員達の疲れを癒すのであった。

白煙あがるこの先に、「今か今か」と助けを求めている人がいる。本格的は救助活動へと消防戦術が代わった。

懐かしき故郷（ふるさと）が燃えている

その日、斎藤定男は三九度の高熱を出し、神奈川県横浜市の自宅で床に伏していた。

普段から「健康が取り柄」と豪語していた斎藤が、勤務先の東京消防庁大井消防署へ電話で病気休暇を申し入れると、同僚が「鬼の攪乱だな、当分休め」と、冷やかし半分の言葉を交わし、病欠届を受理していた。

うとうとしていた時、身体がゆっくりと揺れた。

「あれ、変だな、熱のせいかな？」と周囲を見回した。

「熱のせいじゃない、地震だ！」

斎藤は飛び起きた。揺れは次第に大きくなり、ガチャガチャとコップや茶わんが鳴った。

「大地震」と直観した斎藤はテレビをつけた。だが停電で何も映らない。大井消防署へ電話をかけたが不通。この時すでに首都圏のライフラインはマヒしていた。

震度五以上は非常配備態勢に入り、直ちに所轄署への参集しなければならない事になっていた。

「すぐ行くぞ」と妻に告げた。妻は「もう少し休んでからにしては……」と呆れ顔で言った。

首都圏のＪＲと私鉄各線は地震発生と同時に全線でストップ。ターミナル駅では帰宅できない「帰宅難民」であふれかえっていた。駅前のバス停には長蛇の列。携帯電話も回線のパンクを防ぐため八〇パーセントの通話規制をかけられ広範囲で通じにくい状態になっていた。

斎藤は自宅の横浜市鶴見から自転車で、新春恒例の箱根駅伝のコースで知られる東海道を東京・品川へと向かった。すでに道路は渋滞が始まり、国道一号線の東海道は人と車で混乱していた。

「病は気から」と言うが、仕事熱心な斎藤は今まで高熱で休んでいた事をケロと忘れ、人混みを縫いながらひたすら自転車のペダルをこぎ続けた。

夕方に大井消防署へ着くと「おい、大丈夫か？」と同僚の心配顔で迎えられた。

斎藤は、消防署のテレビで初めて地震の悲惨な状況を見て驚いた。

「大井も応援に行くようになるぞ……」

すでに第二次派遣隊が宮城県気仙沼へ出動した事を仲間から知らされた。気仙沼、そこは斎藤が生まれ育った懐かしき故郷。実家には父がいる。携帯電話をかけたが不通、斎藤に不安が募った。

「あっ、俺が遊んでいた所だ。わが家だ」

テレビ画面に、濁流で家や車が流され気仙沼の街は海になり、あっちこっちで火焔が上がっている画像が流れ、斎藤はテレビに寄って、画面を食い入るに見入った。

「大井消防も第三次派遣が決まった。今夜行くらしい」

同僚が耳打ちで知らせてくれた。

署内で幹部会議が始まり、派遣準備で署内が一気に騒がしくなった。

「私を派遣に加えて下さい。現場は私の生まれ故郷、隅々まで知っています」

斎藤は上司に直訴した。

「現場は苛酷な活動を強いられる。病気上がりでは無理だ。現場をなめるな」

上司には、にべも無く拒否された。

それでも斎藤は諦めなかった。署長室に署長が一人でいるのを見ていた斎藤は、チャンスとばかりに署長室へ飛び込んだ。

「私が現場を一番知っている。案内できます。行かせてください」

斎藤の気迫に署長は圧倒され「考えておく」と答えた。斎藤は「しめた、行ける」と言う感触をその時に得た。

斎藤定男の名が第三次派遣隊員の名簿に載っていた。

「斎藤、無理しては駄目だぞ」の署長の言葉に斎藤はただうなずくだけであった。

日が代わった一二日午前三時、斎藤は大井消防署隊の一員とし、集結場所である東北道の蓮田サービスエリアへと向かった。

もう夜明けが近いのに、大井消防署前の東海道の人の群れは途切れてはいなかった。延々と続く人の波と別れ、灯りが切れた真っ暗な高速道路へ入った。

集結場所の蓮田サービスエリアは、被災地へ向かう自衛隊や警察、消防の緊急車両で埋め尽くされていた。我が故郷へ救援に向かうために多くの車両と人が、疲れをいとわずに頑張ってくれている事に斎藤は熱いものがこみ上げていた。

「待っていろ」と、斎藤の心はすでに気仙沼にあった。

「第三次隊出発」

六五隊三〇一名が列を組んで気仙沼に向かった。先頭車は大井消防署の斎藤がハンドルを握りスピードを上げた。

この頃、福島第一原発では原子炉格納器の圧力が異常上昇し、逃し弁を通して蒸気を建屋内へ放出する作業に着手した。加熱や圧力上昇で原子炉心の異常事態発生した事を政府が発表。菅首相が一二日早朝にヘリで福島第一原発を視察で飛び立っていた。

宮城県気仙沼市へ向かった派遣隊は、首相自ら、自分達と同じに被災地へ向かっている事も、福島第一原発が危機的状況である事を知らされてはいない。隊員達は、下命された任務をこなす事に専念するのみである。

故郷はどこへ行った

第三次派遣隊は、斎藤の故郷である気仙沼市内へ入った。

気仙沼の上空にはヘリコプターが舞っていたが、地上では人影は見えない。遠く鹿折方面の空は黒煙で覆われ、昼間なのに暗く沈んだ街に変わっていた。

「ここは故郷ではない」

斎藤は変わり果てた瓦礫の山を前に立ちすくんだ。

ただちに鹿折地区の消火活動を命じられた。

何もかもが破壊された街は瓦礫の山になっていた。「俺の故郷はどこへ行ったんだ」と、斎藤は悔しさに泣けた。先頭に立って進む先には、海岸から流されてきた石油タンクの燃え朽ちた残骸が立ち塞がり、斎藤達の行く手を拒んでいた。

男の仕事場は

ようやくたどり着いた橋の上には数台の消防車が並び、川の水を吸い上げ、数本のホースが瓦礫の間へ延びたていた。隊員達はホースを頼りに瓦礫を押し退けて前へ前へと進んだ。そこが消防隊の男達の仕事場であった。

「ボンー」

プロパンボンベが飛び跳ねる。

「シュー」

プロパンボンベからガスが噴き出す。

「ガラガラ」

積み上がった瓦礫が崩れ落ち、行く手を阻む。

瓦礫の間から炎が見える。ホースを向け一気に放水して消火し、また果てしない前進を続ける。

行く手を阻むのは瓦礫だけではない、行くとこ行くとこ、先の尖った木片が牙のように隊員に歯向かった。テレビで観たベトナム戦争で、数本の竹やりが上に向けられた「落とし穴」を想像して、斎藤の足は止まった。竹やりは前進する隊員の前にも横にも下にもあった。

辺りは真っ暗闇になったが、火災の炎が夜空を焦がし、消防隊員の足元を明るくさせていた。

動くものは消防隊員の影だけで、報道陣もテレビ撮影も寄せつけない消防の最前線の仕事場は、どこまでも果てしない荒涼が続いていた。

足元にペットボトルが流れて来た。斎藤は拾い上げ、飲みかけのペットボトルでのどの渇きを潤した。午前〇時、現場交代となり、夜空を照らす火災の炎の明かりを頼りにホースを辿り地べたにはいずる様に帰隊した。

父の温もりの毛布

斎藤の身体を休める場所の野営地は学校であった。

コンクリートの床が仮眠所。夜明けまで疲れた身体を横にできる場所と自由時間が、派遣隊の斎藤達隊員らに与えられた。

斎藤には地の利を得た場所。野営地の学校は斎藤の実弟が勤務する市立病院の近くにあった。斉藤一人が、学校を目指して、瓦礫の中をヘッドライトを頼りに病院を訪ねた。

夜中であったが病院は野戦病院のような状態でごった返していた。一目無事を確かめたく無理を承知で面会を懇願した。薄暗い廊下の奥から、満面笑みを浮かべた弟が手を上げ駆け寄ってきた。

「いやー来てたのか」

二人は固い握手をした。

「おやじも元気だ」男同志の会話は短い。

「おやじに会ってこいよ」兄の気持ちを察し、弟が促す。

「じゃあ、行ってくるか。元気でナ」

男二人に許された時間は少ない。

病院と実家は近い。外は真っ暗闇、小雪が舞い凍てつく寒さの中、斎藤は懐中電灯を頼りに足早に実家へ向かった。

突然の夜の訪問に驚く父。無事であったことの確認が二人にとって最高のプレゼントであった。

「家の臭いだ」と悪臭漂う被災現場から離れてみて、斎藤は久ぶりの実家の温かみを感じ取った。「又来るから」の短い会話で在宅時間は終えた。

「これ持って行け」

父が毛布を丸めて持ってきた、その毛布には父の温もりが残っていた。

毛布を抱えて戻った学校の仮眠場所は、暗く寒かった。

冷たいコンクリートの床に横たわっている仲間と目が合った。

「会えたか、良かったナ」と仲間が羨ましそうに小声で言った。寝息をかく隊員は一人もいない。みんな身体を寄せ合い朝の来るのを待っていた。

斎藤も父の毛布を仲間二人と頭からかぶり、時の経つのを待った。

生存者はいなかった

乾パンを口にほおばり、トイレの水道の水で呑み込み、再び最前線へ部隊は向かった。

廃墟となった街は、道行く人はいない。小中学校の幼友達も、いたずら坊主も、けんか友達にも会えない故郷の街に斎藤は寂しさと「これからどうなっていくのだろう」と不安を抱えながら歩を速めた。行く先には瓦礫の山と黒煙が上がる男たちの仕事場である。凍りつくほど寒い朝方から、瓦礫をかき分けての人命検索を開始した。

そこで斎藤は地獄を見る。

燻り臭い臭気が漂う中を、助けを求める人を捜す検索は、心身ともに疲れる活動であった。

「アッー」と、斎藤は足を止め、瓦礫の間に挟まった軽自動車の中を見て絶句した。車窓から見たのは蝋人形のようになった「遺体」であった。

氷点下にもなる極寒のもとでは、どんな屈強な人でも全身ずぶ濡れの状態で一昼夜を過ごせば凍死に至る危険は大である。

この人は誰なのか、どんな人で何をしていた人なのか、同郷の人なのか、なぜ逃げられなかったのか……。

斎藤は救出を諦め、かじかんだ両手を合わせ、祈った。

「遺体あり」の目印をつけて、検索隊員はみんな無言で先を急いだ、その行く先には、生存者はいなかった。虚しさと怒りが隊員たちの前進する足を何度も止めた。

任務を終え、野営地の学校へ戻る途中、津波で被災した高齢者福祉施設へ立ち寄った。そこで斎藤ら隊員達は地獄を見せつけられた。

一階のロビーには、毛布で覆われた遺体が何十体も並べられ、泥にまみれた白衣の看護師らが、階段から遺体を抱えて次から次と一階ロビーへ降ろしていたのだ。

「むごい」

隊員達は足がすくみ、その場から動けなくなった。

若い看護師たちの汚れた頬には、一本の涙の痕は残っている。みんな能面のように無表情で黙々と遺体を搬送していた。

外には遺体を搬送する車が、その時を待っていた。

高齢者にとって終のすみかだったはずの施設が安全でなかった。「何でなんだ」「これが俺の故郷なのか」と、斎藤には言いようのない口惜しさと悲しさと虚しさが込みあげてきた。隊員達は誰もが口を固く閉じ、うつむきながら重い足を引きずり野営地の学校へ戻った。

「ご苦労様でした」「お疲れさまでした」

避難所にいた被災者であるお年寄りからの、おにぎりと暖かいお茶の差し入れである。冷たくなったおにぎりであったが、久しぶりのお米の味を頬張り、暖かいお茶の香りを味わい、お年寄りたちの思わぬ好意に、苦り切った隊員達の顔に笑顔が戻った。

「故郷はここにあった」

東北人の強さと優しさを知る斎藤の目が潤んだ。

「故郷は甦る」

東北人の底力をみた斎藤は確信した。

「良く頑張ってくれた。ご苦労であった」

第三次派遣隊長からの訓示があった。「やっと帰れる」と隊員達はホッと安堵したが、斎藤には故郷である気仙沼から離れる事に一抹の心残りが残った。

「ご苦労様でした。ありがとう」

避難所から多くの人々が手を振って見送ってくれた。中にはおにぎりを差し入れをしてくれたお年寄りが手を振り、背伸びをしていつまでも見送っていた。

斎藤の四日間にわたる不眠不休の任務は終えた。

帰途、自分達と反対に被災地へ向かう消防や警察、自衛隊の車両が続々とつながって目の前を通過して行った。遠い四国や九州からも応援に駆け付けている。斎藤は目を閉じ頭を下げ「ありがとう」と心の中で言った。

しだいに遠ざかる破壊された故郷の情景をマイクロバスの車窓から、斎藤はいつまでも凝視し続けた。不思議と眠気が襲って来ないが、なぜか涙が止めどもなく頬をつたわっていた。

人っ子一人いない夕闇せまる破壊された故郷。一面に黒煙が覆う故郷。瓦礫に挟まれた車の中の悲惨な現場。どれもこれもがつらく苦しかった事が残痕となって斎藤の脳裏に残り、斎藤を苦しめていた。

東京へ戻っても、斎藤は心の葛藤に悩み続けた。自分が自分でない精神的な状態が一ヵ月ほど続いた。

「お父さん、必ず昔の故郷になる」と家族の励まし。「おい、斎藤、一緒にジョキングしよう」と仲間が誘う。家族や仲間の助けがあって燃え尽き症候群の自分を助けてくれたと、斎藤定男は当時を振り返って言った。

消防生活四〇年。斎藤も定年退職を迎え第二の職場で元気に働いている。故郷の復興も近い、斎藤の楽しみの日が、確実に近づいてきていた。

第六章　原発現場へ消防隊の初出動

消防車が欲しい

テレビは、どのチャンネルを回しても巨大地震の特別番組が組まれ、津波が川をさかのぼって、立ち並ぶ家々を根こそぎさらい、立ち往生の車を呑み込んでいく画像が繰り返し放映され、新聞は「東日本巨大地震」と大見出しの特別紙面が「行方不明多数」と報じた。

多くの国民がテレビにクギ付けになっていたこの時、すでに、福島第一原発では非常事態となっていたのである。

送電線鉄塔の倒壊で外部電源が途絶。津波で非常用電源機能の喪失。次から次と原子炉の危機が明るみに出て、経済産業省 の記者会見が一一日の震災から翌一二日午後にかけて頻繁に行われていた。

一二日の午後三時過ぎ「一号機のベント成功」と記者会見で発表したが、その直後に一号機の原子炉建屋が水素爆発をした。この一号機の爆発した時点から、新聞・テレビは地震・津波報道から原発報道へと移行していった。そして、この原発報道への移行と同時に経産省の記者会見回数が目だって少なくなっていった。

震災から一夜あけた一二日になっても、東京の夜の街は帰宅困難者であふれ、至るところで交通マヒが続いていた。

「気分が悪い」

「動けないお年寄りがいる」

「転倒して歩けない」

夜になっても、救急車要請が相次ぎ、出動した救急隊は交通渋滞に巻き込まれ「到着遅れる」の無線が絶えない。

作戦室が喧騒する最中の、朝方の三時五九分、東京も揺れた。

震源地は長野県北部。マグニチュード六・七の地震が発生し、栄村では震度六強を記録した。

「これは余震か？　それとも新しい地震の前触れか？」

首相官邸も東電本社も、そして東京消防庁の作戦室も、大地震襲来に身構えた。

さらに、時刻が午前四時に入ったとたんに、又も長野で震度四の地震が二回も続き、次いで新潟で震度四と、立て続けに地震が起きた。

「今度は長野かー」

東京消防庁の作戦室内に緊張が走った。

東京消防庁では指揮支援隊として消防ヘリを長野市へ飛ばすなど、消防職員が全員徹夜で警戒に当たっていた。

「総理がヘリで福島第一原発へ現地視察をする」

一二日未明に、官房長官の記者会見の模様が、東京消防庁の作戦室のマルチスクリーンに映り出された。

国の行政の最高責任者である菅首相が自ら現地へ向かうからには、それなりの重要な理由があるはずだ。「視察と言う目的以外に、何かがある」と、東京消防庁作戦室内では、慌ただしい官邸の動きで、福島第一原発に次第に危機迫りくる何かを感じとる事ができた。

消防総監ら幹部達も「事によると……」と、最悪のシナリオを描きながらも、政府と原子力関係機関らの力でこの難関が解決されるものと信じ、原発災害の推移を見守っていた。

そんな重苦しい雰囲気を一掃する報告が作戦室に届いた。

「一次支援隊、活動を開始」

宮城県気仙沼市への派遣隊からの電話報告が作戦室へ届いたのである。

通信障害で連絡に不都合が生じ「今か、今か」と待ち望んでいた報告で、一睡もできずに苦闘した作戦室内に、久しぶりに歓喜の声が上がり拍手がわいた。しかし被災地との通信障害が続き、現地との間で、思うような情報連絡ができずにあった。

気仙沼市の派遣隊との情報連絡の不都合さは、何とか自力で解消できたが、危機迫りつつある福島第一原発の情報については、東京消防庁は蚊帳の外におかれ、テレビ等の情報を唯一の頼りにせざるを得なかったのである。それは「原子力災害対策措置法」で、災害発生時の対応は国と事業者の責務とされ、火事と救急を担当する一自治体の組織である東京消防庁への情報連絡義務が法的には無かったからに他ならない事でもあった。

東京消防庁の知らぬところで、福島原発は危機が迫って来ていた。

だが、全電源停止の時点で第一原発所内の使用できる東電の自衛消防車は一台だけ、そこで保安院は、心細い消防ポンプの補充策として、陸上自衛隊施設を火災から守るために設置されている自衛消防のポンプ自動車の応援を要請し、一二日の早朝には福島第一原発の正門に自衛隊のポンプ車二台が到着した。

運転再開が困難となるからと言う営利優先を理由に、消防ポンプで、塩分を含む海水を利用しての冷却放水をためらっている東電本社と首相官邸。「早く冷却放水をしてほしい」と言う現場からの切実な声の狭間で混乱が起きていたのである。

「まだ消防車が欲しい」

第一原発の緊急時対策室からの要請に保安院は、一二日の時点で総務省消防庁へ消防車の応援出動を打診していた。原子力発電の安全を所管する保安院としてはどんな方法であろうと、原子炉の冷却手段を模索していたのである。

初めて知った「冷却放水」

作戦室で指揮を執っていた新井消防総監の携帯電話がなった。

電話は、消防庁長官からであった。

「東京電力が消防ポンプで原子炉の冷却注水をしているが、防火水槽の水量が不足している。

政府や東電も必死になっているが、水が無くなって原子炉が危ない状況にある。海水を汲み上げてポンプで冷却する計画が出ているらしい、政府から要請があったら、海岸からポンプ車への送水活動のために行ってくれるか……」

消防庁長官は、国や東電らの動向を情報として知らせてきたのである。消防総監はここで初めて「消防ポンプ車の放水でも原子炉を冷却」ができると言う実態を知らされたのである。

消防側には原子炉についての情報は、新聞やテレビの情報が唯一であった。そのため福島第一原発が最悪な危機的状況に陥っている事を判断するに必要な確定的な情報の入手には、事欠いていたのである。それは首相官邸でも同じように東電からの情報が遅延したり、報告内容が的はずれであったりと大混乱していて、東電と政府の関係に歪みが生じてきていたのである。


日本の最先端の科学技術と最高の頭脳を結集して造られ、安全管理されていた原子力発電所は、日本の安全の最高峰に君臨する施設だと、大多数の国民は信頼をし切っていた。さらに、例え事故があったとしても、二重三重の安全装置が作動して事故は未然に防止できると胸を張った安全宣言を、国民の多くは信じていた。そして東電や保安院、首相官邸の「安全が確保されている。落ち着いて対処してほしい」との記者会見での発表を信じ、国と東電がこの原発危機を解決してくれるものと信じ、その時を待った。

国に対する信頼を、消防庁も東京消防庁も全国の消防も、何ら疑う事なく堅持し続けていた。

信頼こそが相互理解の基本であるからである。だが、日本の存亡を賭けたこの時、信頼と言う糸が絡み合い、結ばれていた信頼関係が崩れ始めていたのである。

消防車は出動すべきか

地震と津波の大災害で全国からの緊急消防援助隊の応援対応に追われていた総務省消防庁は、保安院からの「原子力発電事故への消防ポンプ車の出動」と言う唐突ともいえる要請に戸惑ったが、消防庁では、消防隊員の放射能防護策や放射能関係の専門家の同行など、実働する消防部隊側の立場での必要条件などを問いただすなど、意見交換を繰り返していた。一方で政府関係省庁間でも遠距離送水車の派遣についての提案話が持ち上がるなど、福島原発の危機打開策案として消防隊の派遣出動の気運が一気に高まってきていたのである。

そして保安院が「今や消防の支援が頼り」と結論づけて、消防庁へ消防車の派遣を正式に要請したのである。

当時、総務省消防庁の消防長官であった久保信保は自著「我かく闘えり」の中で、福島原発への緊急消防隊を派遣する時の心境を次のようにのべている。

「一二日の保安院からの要請があった時は、それ程の問題意識は持たずに東京消防庁と仙台消防局に出動要請をしたが、水素爆発が相次ぎ政府の現地対策本部等の撤退情報を知り、しかも消防隊の緊急使命が核燃料プールへの放水である事が明らかになった時、果たしてこの作業は消防の任務なのか……」と法制度上の疑問点を指摘している。

そして久保長官は消防の出動の判断の根拠を次のように述べている。

「派遣を要請する際に、最も悩んだ事は、放射線が飛び交う中でのこの事故対応は消防の仕事なのか。そうだとして出動の要請を地方公共団体から拒否されないためにはどうしたらいいのかと言う事であった……。私は最終的には、消防組織法で消防の任務が災害全般を対象としている以上、国と事業者では対応できないが、消防ならその可能性があり、かつ、その活動が安全である限り出動すべきではないかと判断した。つまり、消防組織法の特別法と考えられる原子力災害対策特別措置法の世界で国（自衛隊も当然含まれる）と事業者が全力を尽くしたにもかかわらず、万全な処理になお困難が残り、その場合に消防の協力が有効なら、その限りにおいて、一般法である消防組織法が機能せざるを得ないと判断した」

「そして、消防の出動要請は消防組織法上の消防庁長官の指示ではなく、国のトップが地方公共団体の長に要請を下す、つまり東京の場合には総理大臣から東京都知事へ要請をし、都知事から東京消防庁消防総監へ出動命令を下す事をしたのである」

一二日午後二時五〇分、消防庁長官から東京消防庁へ、原子炉施設を冷却する出動要請が入った。

その時、東京消防庁の情報源であるテレビが映し出している福島第一原発は、いつもと変わらず、差し迫った危機的異常は見受けられない。さらに、政府が「一号機のベント成功」と記者会見で発表して、危機は終焉に向かっている事を国民へ知らせた。

東京消防庁の作戦室では、福島第一原発に関する限られた情報内では「現在のところ危険な兆候無し」と見て取った。そして、「絶対安全」という信頼する消防庁長官からの要請に応えるべく、新井消防総監は原発現場への出動命令を出した。

午後三時二五分、第三・第六消防方面本部のハイパーレスキュー隊八隊二八人と遠距離大量送水車（スーパーポンパー）が福島第一原発へ緊急出動した。この出動隊の中に、第三本部隊の隊長に鈴木成稔がいた。

原発現場への初出動

消防部隊の任務は「福島第一原発で現地の放水隊を支援する」であった。

あくまでも支援であって、現地の指揮下に入っての活動となったが、現在、現場はどうなっているのか、現場の実態が見えぬままの不安を抱えての出動となった。

鈴木隊長の不安が的中した。

テレビが一号機の爆発を捉えていた。

「ドーン」と、爆発音と同時に炎が走り、そして噴煙が一号機建屋を覆った。

午後三時三六分、消防部隊が出動して約一〇分も経たないうちに、福島第一原発一号機の建屋が爆発したのである。

安全と判断していた福島原発が爆発した。テレビでは爆発で「怪我人が出ている」と報じている。

「どうなっているんだ！」

東京消防庁の作戦室内は騒然となった。

「ハイパーレスキューの部隊はどこにいる……」

「至急、安全を確認しろ！」

作戦室内に怒号が飛び交った。

爆発と言う緊急事態が起きても消防部隊への「引き揚げ命令」が無い。消防部隊は「出動命令」を厳守して、指示命令のとおりに福島第一原発を目指してまっしぐらに向かって行った。

一号機の爆発は、「冷やす」ための電源車での電源復旧工事は頓挫し、防火水槽へ海水を入れようとするポンプ車が破損するなど、やっと軌道にのりかかった全ての復旧工程が、元のふり出しに戻る大打撃を受ける結果となったのである。

一方、首相官邸ではテレビを観て大混乱になった。

「爆発したのは何なんだ?」

「格納容器なのか?」

「核爆発だったのか?」

その問いかけに、その場で説明できる者は、誰一人いなかった。

経産省や保安院も状況をつかみ切ってはいなかった。通信が途絶え、かろうじて現地の防災車の衛星回線が頼りの情報でしかなかったのである。

官房長官が記者会見で「爆発」を公式に認めたのは、テレビで爆発を観てから約二時間後で、格納容器の爆発ではなく、建屋内の水素爆発であると発表したのは五時間余り過ぎてからであった。

火花が散って噴煙がまき上がり、安全と信じ切っていた原子力発電所の爆発の瞬間を、テレビはアップ画面で何度も繰り返し放映した。テレビを観た国民は目を見張り恐怖に震えた。さらに、後手後手にまわった政府の公式発表に多くの国民は苛立ち、初めて最も恐れていた放射能漏れによる危険を実感として捉え、国や東電に対する不信感が急速に高まったのであった。

「俺たちは、何だったのか」

「隊員は無事か？」

作戦室のマルチスクリーンに映り出される噴煙上がる一号機建屋の状況を見た係員が叫んだ。

「今、どこだー？」

ようやく携帯電話がつながった。東京消防庁作戦室は派遣隊と連絡がとれたのである。派遣部隊は常磐自動車道の守谷サービスエリア付近を走行中である事が判明した。

その時、消防庁災害対策本部から連絡が入った。

「現場は混乱している。保安院が安全を確保できないと言っている。派遣部隊の引揚げ命令をかける」

「引揚げても大丈夫か」

東京消防庁は再確認をとった。

「大丈夫、自衛隊が行く事になっている」

午後五時五六分、爆発から約二時間二〇分後に、消防庁長官から引揚げ命令があったのである。

派遣部隊が帰隊したのは深夜になっていた。

「俺達は、何だったのか？」

多くの隊員が不安と疑惑を抱き続ける。

隊員たちには原発事故の状況を知らされる事はない。隊員たちの情報源は、テレビと新聞のマスコミ情報が唯一のであったのである。

「どうして、連絡してくれなかったの……」

テレビで爆発の惨事を知って「もしや夫が」と不安を抱いていた鈴木隊長の妻悦子は、翌日帰宅して夫に問いただした。そして、夫の口から福島原発事故現場へ出動した事を初めて聞き、目を真っ赤にして訴えた。消防職員の家族の間にも、夫の安否に不安を抱き、原発事故への不安と恐怖が急速に広がっていったのである。

一号機の爆発は東京消防庁にとって一つの大きな課題を残したのである。

地震と津波によって被災した市街地への支援態勢を強化していたが、安全だと信じ切っていた原子力発電所の危機に直面した今、今後の消防は、放射能と言う未知の災害にどう対応すべきかが、緊急課題となってきていた。

待つだけでは何の意味も無い

一号機の爆発で政府は避難指示区域を拡大させた。

三月一二日午後六時二五分、政府は福島第一原発から半径一〇キロ圏内の避難指示であったものを、半径二〇キロ圏内へと避難指示区域を二倍に拡大したのである。

それから二時間後の午後八時三二分。疲れ切った表情の菅首相が震災後二回目の記者会見を行った。

「一人でも多くの命を救うために全力をあげる。特に、今日、明日、あさって頑張り抜かねばならない……」と、自分自身を鼓舞するかのようにもとれる、国民向けのメッセージを発表した。正に日本国が存亡の危機に立っている事を、政府は認めたに等しい菅首相の言葉でもあった。

菅首相の強引ともとれる突然の福島原発へのヘリ視察についても、福島第一原発の現場と東電本社間、そして経産省・保安院と首相官邸とが、指揮命令が一本の線で固く繋がなければならない相互の意思疎通に欠けていたからに他ならなかったのである。

日本のトップである総理大臣も悩み苦しみ、日本の存亡に全身全霊をかける孤独な一人の男の姿を見せていた。


テレビ画面に映る、疲労感漂う菅首相の姿とその言動から、新井総監は「やがて東京消防庁へ出動要請が来る」と見てとった。

予期せぬ一号機の爆発があったが、東電や政府がこれからどんな事が検討され、行動に移されていくのか等、東京消防庁にはその動向を掌握するだけの情報は限られていた。だが、座して待つだけでは何の意味も無い。日本が正に国難にある時、東京消防庁は何ができるのか、何をやるべきなのかを検討すべきと、新井総監は直ちに緊急幹部会議を開催した。そして、朝と夕、毎日二回の最高作戦会議の開催と、長期戦覚悟による全職員の勤務態勢の変更を行う事にした。

第一回の最高作戦会議で新井総監は「福島第一原発に関する情報収集の強化」「原発施設に対する消防活動の検討」等について各セクションへ指示を出した。

特殊災害支援アドバイザーである放射線医学の山口芳裕杏林大学教授の協力。東京都や東電、消防庁などへ情報連絡員の派遣。放射線被曝の防護剤である安定ヨウ素剤の確保。そして原発施設への放水活動計画などが検討された。

原子炉冷却作戦

東京消防庁では警防部が中心になって、消防隊員の放射能被曝をいかに軽減させるかを重点に、原子炉冷却作戦についての検討に入った。

「遠隔操作ポンプ車の活動の検討」

「消防ヘリによる空中注水の検討」

「電動モーター駆動の送水ポンプを活用による、無人で放水する方法の検討」

その他、放射能被曝を軽減させる消防活動についての論議が日夜を通して行われていた。

「情報は待っているだけではダメだ」

新井総監は東京都内の放射能汚染の測定を命じた。

都内の一〇か所の消防署を測定場所に指定し、特殊災害用として配備されている放射線測定器で三〇分ごとに放射能汚染の測定を始めたのである。地域にばらつきがあったが、微量ながらの放射能が検出され、ついに東京にも、福島第一原発による放射能汚染の影響が出てきている事が分かった。東京消防庁が独自で試みた放射能汚染の測定で、東京消防庁は初めて原発事故の実態の一端を知るきっかけにもなったのである。

これ以上の原子炉爆発が続けば、日本全国も危険にさらされると言った危機感が最高作戦会議の出席者の間で漂った。

「このままだと、安全な所はなくなる」

「何とかしなくては」

最高作戦会議は、消防の果たすべき「任務の限界はどこまでか」と言った、法的根拠から消防活動に至る基本的な問題について論議され、会議は重苦しい雰囲気につつまれた。

そして、新井総監は、原子炉冷却の消防戦術の基本を決めた。

戦術の基本、それは、「消防隊員を放射能汚染から護る」であり、そのためには「いかに少ない人員で、いかに短時間に、いかに効果的な放水隊形を組みたてるか」であった。

「至急に作成せよ」

新井総監の厳命が下った。

東京消防庁には当時四隊のハイパーレスキュー隊があった。だがすでに、第二本部のハイパーレスキュー隊は宮城県気仙沼市へ派遣しており、温存していた三隊を、総動員する計画を進める事になったのである。

「東京からすべてのハイパーレスキュー隊がいなくなる」

「これで首都東京の安全を護りきれるか」

作戦会議で慎重論もでていた、だが、首都東京の防災には痛手ではあるが、今や国難と言う危機に直面して、放水のプロの消防が「できません」では済まされないと、東京消防庁は総動員体制で難局の打破にあたる決意を固めた。

東京消防庁が原子炉冷却の消防戦術を検討している頃、福島第一原発の現場では、一号機の爆発に次いで三号機の圧力が異常上昇し、危機迫る状況が官邸に伝えられていた。

そして一四日午前一一時一分、激しい爆発音と同時に三号機の建屋がすっ飛び、黒い噴煙が上がった。福島の青空が、見る間に暗黒に包まれていったのである

三号機は、原発で使用した後の使用済み核燃料からプルトニウムを再処理して使用するMOX燃料を使用していたのである。東電の悲願であった核燃料の再使用の「プルサーマル計画」を開始して僅か半年で大爆発し、国際的評価ではチェルノブイリ原発事故と同じ「レベル七」と言う史上最悪な惨事となり、大量の放射性物質を放出させる結果をもたら

した。

さらに、三号機の爆発は、東電に貸与された消防車と、応援に駆け付けて来た自衛隊の消防車による二号機への海水注水の準備が完了する寸前に起きたために、二号機のベントが台無しになると言う痛手を負う結果にもなった。

「一号機と三号機が爆発、二号機も危ない」

福島第一原発の現場では、作業していた社員が一旦作業を中断して免震重要棟へ「避難」をしなくてはならなくなったのである。

「四号機が爆発した」

一四日午前六時過ぎ、菅首相が東電本社にいた時であった。

爆発で、四号機の建屋の壁は破損して、上空から使用済み燃料プールが丸見えとなる、惨憺たる状態になった。


「出動はよせ、行くと死ぬぞ」

むき出しになった四号機燃料プールが冷却機能を失った場合は、大規模な水素爆発が起きる可能性が高く、ぼう大な放射線物質がまき散らされると言う、重大事を迎えたのである。

新井総監の携帯電話がなった。

「危ないぞ。消防部隊の出動はよせ……」

新井が最も信頼し頼りにしていた、特殊災害支援アドバイザーの山口芳裕杏林大学教授からの電話であった。

東京消防庁が独自で、原子炉冷却を検討している事を知った山口教授が即刻、新井総監へアドバイスをしてきたのである。

「原子炉四号機の周辺では、放射線濃度が四〇〇シーベルトを超えている。危険だ、行くな、行くと死ぬぞ……」

山口教授は、消防隊が出動すれば、現場の最先端で活動せざるを得ない消防隊員への放射能汚染について危機感を抱き、出動に難色を示したのである。

新井総監と山口教授の二人の電話は続いた。そして、山口教授は新井総監の固い決意を知った。

「行くとなったら、消防隊員全員が鉛入り防護服着装し、必ずヨウ素剤を服用する。測定員を配置して八〇ミリシーベルト検知で退避開始。遮蔽物に身を隠して放射線被曝から身を守る。汚染検査終了までは飲食禁煙……」

山口教授は放射能被曝への警告を込めたアドバイスを事細かく繰り返し、新井総監へ告げた。

「行くとしたら、消防隊員専用の臨時医療施設を造る必要がある。消防が行くとなれば自分も同行する。現場へ行くには覚悟がいるぞ……」

山口教授のひと言一言には、消防への熱き情愛が込められていた。そして、現場の消防指揮本部に特殊災害支援アドバイザーの山口芳裕杏林大学教授が常駐してくれると言う確約を得た事は、新井総監にとっては「百万の味方」を得た思いでもあった。

新井総監は早速に、山口教授の助言を踏まえた消防作戦の策定を急いだ。

特殊災害対策車の貸し出し

日本の存亡をかけた原子炉冷却には、電源復旧こそが解決の全てである。

東電は、東北電力の送電線を利用して福島第一原発の電源復旧作業に取り組んでいたが、その復旧作業が終了するまでの長期間、休みなく原子炉冷却作業を続けるには、消防車やヘリコプターによる放水を継続し続けなければならなかった。

爆発で中断したポンプ車による冷却放水を一刻も早く再開し、その冷却放水継続中に、一刻も早く電源復旧工事を終了する。これが政府と東電の明白な願望であった。

「一刻も早く冷却放水」

政府と東電による対策統合本部は焦った、そして考えられる可能なかぎりの原子炉の暴走を食い止める冷却放水対策の手段に打って出たのである。

一五日、自衛隊に対し、ヘリコプターによる上空からの放水を要請。

一六日、警視庁に対し、警備用の放水車による地上からの冷却放水の要請。

一六日、東京消防庁に対し、総務省消防庁を通じて「特殊災害特対策車」の貸出要請。

矢継ぎ早に、自衛隊、警視庁、東京消防庁へ出動要請が出されたのである。

東京消防庁へ、福島第一原発への二回目の出動要請がきた。

「保安院から、放射能災害用の対策車を貸してほしいと言ってきた。貸し出せるか」

一六日一一時頃、総務省消防庁から東京消防庁の作戦室へ電話での貸し出しの打診があった。

「車両だけの貸し出し」と言う異例な要請に作戦室の担当者は戸惑った。

「特殊災害特対策車」は、東京消防庁が、核・化学などの特殊災害対策用として造られたもので、車体全体を鉛板と水膜層で覆い、車内は加圧されていて放射能被曝が軽減でき、約七万のガス分析を測定できる装置を兼ね備えた、日本に一台しかない東京消防庁所有の特殊車である。

当初は、無駄なものと軽視されていた「特殊災害特対策車」が、福島原発災害で、政府と東電があらためて価値あるものと評価し、「消防車両だけを貸してもらえれば、後は東京電力の社員が操作する」と、是が非でも貸してほしいと言う強い要請であった。

原災法と同法の制定にともなう自衛隊法の改正によって、原子力災害対応については、国（自衛隊）と事業者（東京電力）の責務とされている事から、消防機関の原子力災害への応援出動には、法の解釈上からも国としても慎重にならざるを得なかった。そこで考え出されたのが物品の貸与、すなわち、消防車両のみの貸出要請となったのである。


「車だけ貸しても、特殊車両だから、すぐには操作できないだろう」

東京消防庁は、その時、四号機の爆発で構内には高い放射線量が記録され、このままの状態で手をこまねいていれば原子炉の暴走は進み、福島第一原発の全ての原子炉が崩壊する、正に日本の崩壊にもつながりかねない危機的状況に陥っていると言う具体的な事実は知らされてはいない。

しかし、特殊消防車の貸し出しと言う異例な要請は「現場では相当に焦った上での窮余の一策であるのだろう」事だけは推測できた。

「まさか……」と思った消防車の貸出要請に東京消防庁は戸惑ったが、「ポンプ車を届けて、そのまま帰る」では消防の本来の仕事でない。実際に取り扱いを指導し、操作を身体で覚えたのを見届けて、初めて「貸出責任」を果たした事になると、東京消防庁は消防の安全方針を教示し、特殊災害特対策車の貸し出しを承諾した。

待ちぼうけの消防隊

一六日の正午過ぎ、第三消防方面本部消防救助機動部隊へ出動命令が下った。

機動部隊長の鈴木成稔が「準備をしておけ」と事前に隊員に指示した事が、はやくも現実のものとなったのである。だが「特殊災害特対策車を東電へ貸し出せ」との出動命令であったが、「使用目的は何なのか」が明らかにされず、鈴木隊長は腑に落ちないまま、二回目の出動となった。

搬送先は福島県いわき市の東京電力小名浜コールセンター。そこへ行く途中、消防無線で東京の基地局まで情報が届かず、本部との連絡は携帯電話のみ、それも通話に障害が生じて不通になるケースがあった。

大型車で重装備の特殊車は重く、速度も遅い。地震と津波被害による交通障害に遭遇しながらの悪戦苦闘で目的地のいわき市へたどり着いた時には、既に日が落ち、闇夜と肌を刺す冷たい海風が鈴木隊長らを迎えた。

小名浜コールセンターは、小名浜港に面した東電の石炭輸送の中継基地で、石炭貯蔵施設となっているが、到着時には人っ子一人いない無人の施設で、真っ暗闇のなかにあった。

暗闇のなかで特殊災害対策車の回転する赤色灯だけが、小名浜海岸線の遠方まで、消防隊が到着している事を確認できる格好の目印になっている。だが、待てど暮らせど一向に東電社員らの姿は見当たらない。

「誰もいない、どうなっているのだ……」

障害物をさけ、悪路を苦労してたどり着いた小名浜港で、寒風にさらされ、出迎えてくれる人もなく、途方にくれる隊員達は、「我々は見捨てられた」と言う、虚脱感と屈辱感を抱いた。

「俺達は何だったんだ！」

隊員達は肌を刺す寒風に耐え、先の見えない暗闇を睨みながらつぶやいた。

「東電にアクシデントがあったに違いない」

鈴木隊長は本部へ連絡を取り続け、やっと携帯電話がつながり、東京消防庁本部に「指定場所の小名浜コールセンターへ到着したが東電社員は見当たらず、連絡たのむ」と通報した。だが、その後の連絡は途切れ、再度の連絡で、新井消防総監が直々の電話で、午後一一時一〇分に部隊の引揚げ命令が出された。東電側からは何の連絡も東京消防庁には無かったのである。

出動要請をしたままの、無しの礫で翻弄された出動部隊の隊員は、怒りを通り越して東電や政府の対応のずさんさに呆れて無言の帰途となった。しかも、鈴木隊長にとってはこれで二回も無駄足を踏んだ事になったのである。

「いいかげんにしろ……」

鈴木隊長は腹にすえかねて吐き捨てた。

第三救助機動部隊が小名浜へ向かっていた時、福島第一原発の上空では東電社員を乗せた自衛隊ヘリコプターが舞い、空中放水をするための偵察飛行が行われていたのである。

徒労に終わった消防隊員達が、東京へ戻ったのは日付けが代わった一七日。その日は、自衛隊のヘリコプターによる空中放水が実施される事になっていた。

後日、東京消防庁本部へ東電本社から「社員の人員確保ができなかった」と謝罪があったが、東電内部が混乱し、現場の指揮命令系統にも支障をきたしていた事が、東京消防庁でも伺え知れた。

「こんな事で大丈夫なのか……」

東電に対する不信感は一層高まっていった。

揺れ動く妻たちの心

一号機に次いで三号機の爆発で、東京消防庁の職員間では「我々も出動する」と言う噂が急速に広がっていった。

テレビ画面からの原子炉建屋の爆発の惨状を観た鈴木成稔の妻悦子は、放射能被曝の恐怖に脅えた。

今度、出動する時には必ず連絡すると約束をしたはずだが、その日、当番勤務の夫からは何の連絡は無い。

「まさか夫が……」

妻悦子は、夫の身を案じ眠れぬ一夜を過ごすのであった。

「又、連絡をしてくれなかったのネ……」

特殊車貸し出しが無駄骨となった事で、肩を落として力なく帰宅した鈴木成稔に待っていたのは、妻悦子の苦言であった。鈴木には終始「連絡する暇がなかった」と、弁解に追われたのである。

立て続けに起きた、まさかの福島原発の爆発事故をテレビで知った消防職員の家族の間でも「消防が出動する？」と言う噂が広まっていたのである。

一度目は爆発で途中引揚げ、二度目は待ちぼうけをくっての引揚げ、「二度ある事は三度ある」と言う、この時、放射能汚染の福島原発の現場へ、再々度の出動をする事を鈴木夫妻は知る由も無い。

「お兄ちゃん、行っちゃダメ」

「出動隊員に選ばれた。行くようになる……」

三縞は妻和美へメールを送った。身重（みおも）の妻の事を思うと電話で直接に「行く」と言葉で話す事に三縞は気がとがめ、メールで連絡をとったのである。

「国のためになるんだったら、やって来い……」

妻和美も又、夫の気遣いを察し、あえて強気のメールを送り返したのである。

三縞は妻和美の事を「うちの奴は芯（しん）が強いよ……」と語る。和美は看護師として、多くの人の生と死を目にしてきた体験から「自分に課せられた使命は果たす」を信条としており、夫の三縞の背中を強く押したのである。

三縞は妻のメールを見て「偉そうな事を言う」と、妻の心使いにホッと安堵した。

三縞へ電話がかかってきた。

「和美さんは順調か」

出産を控えている三縞の妻和美を案ずる秋田県の実家の父からの電話であった。

「順調だ、心配ない」

「それは良かった。ところでお前、福島原発へ行くのか……」

父の耳にも消防の応援出動の噂話がすでに伝わっていたのである。

父は三縞に言った「行くのは男のお前の仕事だからな――」と。

「お兄ちゃん、行っちゃやダメ」

三縞の携帯電話に妹からのメールが届いていた。

「和美お姉さんのお腹に子供がいるのよ。ダメ、行っちゃやダメ」

身重(みおも)の義姉の身体を思いやる、三縞の妹の「行っちゃやダメ」のメールが続けさまに届いいた。

後日、妹の友人からも「行っちゃやダメ、行ったら死んじゃうよ……」と、毎日のようにメールがきたと言う話を三縞は聞いた。

まだ何も「行く、行かない」が分からないうちではあるが、消防職員の家族らにとっては無関心ではいられない、心痛な思いであったのである。消防官の家族で「行っちゃダメ」と言う声が多く上がっていた。

この時、三縞は、妹の心配していた原発事故現場の最前戦で活動する事を知る由もない。

天皇陛下は御決意した（天皇陛下のビデオメッセージ）

新聞報道によると、地震発生以来、天皇、皇后両陛下は被災地を案じ続け、被災地へ赴くと言う陛下の意向が示された。そして、三号機の爆発があった一四日の夜、陛下は「国の象徴である自分が行く」と言う決意を側近らは感じ取ったとある。

陛下のご意向とは言え、今は時期尚早と側近らは伝えたが、被災地を案ずる陛下の姿勢は一貫して変わる事はなかった。

被災地訪問を前にした三月十六日の夕方、いきなり、天皇がテレビに出て、国民へ呼びかけたのである。

そして、この国民へのメッセージを発した後、両陛下は、三月下旬から七週連続の被災者訪問を始めたのである。

ひざを折って被災者と目線を合わせる両陛下のお姿は、被災者の心を癒し、国民との相互理解を深めるそのものであった。

● ● ● ● ● ● ● ● ● ● ● ● ● ● ● ● ● ●

――天皇陛下のおことば（ビデオメッセージ）

「この度の東北地方大平洋沖地震は、マグニチュード九・〇という例を見ない規模の巨大地震であり、被災地の悲惨な状況に深く心を痛めています。地震や津波による死者の数は日を追って増加し、犠牲者が何人になるのかも分かりません。一人でも多くの人の無事が確認されるところを願っています。また、現在、原子力発電所の状況が予断を許さぬものであるところを深く案じ、関係者の尽力により事態の更なる悪化が回避されるところを切に願っています。

現在、国を挙げての救援活動が進められていますが、厳しい寒さの中で、多くの人々が、食糧、飲料水、燃料などの不足により、極めて苦しい避難生活を余儀なくされています。その速やかな救済のために全力を挙げることにより、被災者の状況が少しでも好転し、人々の復興への希望につながっていくところを心から願わずにはいられません。そして、何にも増して、この大災害を生き抜き、被災者としての自らを励ましつつ、これからの日々を生きようとしている人々の雄々しさに深く胸を打たれています。

自衛隊、警察、消防、海上保安庁を始めとする国や地方自治体の人々、諸外国から救援のために来日した人々、国内の様々な救援組織に属する人々が、余震が続く危険が続く状況の中で、日夜救援活動を進めている努力に感謝し、その労を深くねぎらいたく思います。

今回、世界各国の元首から相次いでお見舞いの電報が届き、その多くに各国国民の気持ちが被災者と共にあるとの言葉が添えられていました。これを被災者の人々にお伝えします。

海外においては、この深い悲しみの中で、日本人が、取り乱す事なく助け合い、秩序ある対応を示しているところに触れた論調も多いと聞いています。これからも皆が相携え、いたわり合って、この不幸な時期を乗り越える事を衷心より願っています。

被災者のこれからの苦難の日々を、私たち皆が、様々な形で少しでも多く分かち合っていくところが大切であろうと思います。被災した人々が決して希望を捨てるところなく、身体（からだ）を大切に明日からの日々を生き抜いてくれるよう、また、国民一人ひとりが、被災した各地域の上にこれからも長く心を寄せ、被災者と共にそれぞれの地域の復興の道のりを見守り続けていくところを心から願っています」

●●●●●●●●●●●●●●●●

このメッセージを聞き、全ての日本人の幸せを心から願う天皇陛下のお言葉が、人々の心の中に深く残った事であったろう。

空と陸のからの冷却放水

震災から七日目の三月一七日、国運をかけた空と陸の両面からの冷却放水が行われた。午前九時過ぎ、テレビを通して、国民が固唾を呑んで見守っている中での、自衛隊ヘリコプターによる空中放水と、地上からは警視庁機動隊の高圧放水車による放水が決行された。

東京消防庁の作戦室のマルチスクリーンに、自衛隊ヘリの下部に吊り下げられた放水バケットからの空中放水の様子が映し出された。

スクリーンを凝視していた担当官達から、どよめきと「やはり無理だな……！」と言う落胆の声が漏れた。

空中消火の難しさを知っている担当官達は、原子炉の空中放水作戦は極めて「厳しい」と受け取ったのである。

飛行しながら上空からの目標点への放水は、高い放射線と風の影響などで、ホバリングや低空飛行も安全性や技術的にも難しく、空中放水は強風に煽られ四散し、投下目標の建屋への有効性には疑問視されていたが、自衛隊ヘリは四回の空中放水を行い、その日だけで止めた。

原子炉への放水は続けなければならない。冷却放水を一旦止めてしまえば元の危機的状態へ戻ってしまう。いつ終えるか分からない継続的な冷却放水を行うには上空からのヘリによる放水は無理があると判断したのである。

一方、地上からの警視庁の高圧放水車タンク水量も少なく、しかも継続的な大量放水を行う事は難しく、冷却効果は薄いと判断された。

「消防出動の要請がくるか？」

東京消防庁の最高作戦会議では、福島第一原発への出動要請があった場合、「受けるべきか否か」「出動したら失敗は許されない」と、重苦しい雰囲気に包まれた。

新井総監は苦渋の選択を迫られていた。

第七章　やはり消防しかいない

東京消防庁が出動するらしい

原子炉の暴走を食い止めるには「止める」「冷やす」「閉じ込める」の順がある。福島第一原発では、地震で原子炉の稼働は「止まった」が、電源が喪失して「冷やす」の冷却機能が停止する異常状態が続いていた。

電源復旧作業は相次ぐ爆発によって大幅に遅れ、「冷やす」ためには欠かせない電源確保が完了する日は、いつになるのか。その日を明解に答えられる人はいない。

原子炉への放水活動は、いつまで続けるのか。その日を答えられる人もだれ一人いない。

自衛隊のヘリコプターによる空中放水と警視庁放水隊による地上放水も、原子炉の暴走を食い止めるだけの継続的冷却効果は期待できなかった。

唯一行われている自衛隊員らによる消防ポンプでの地上放水も、いつ完了するのか、その目安さえもつかめない放水活動を続行し続けるには、放水能力、放水技術面などから見ても、自衛隊らだけでの努力では自ずと限界があった。だが、「何としてでも我々だけでやり抜こう……」と、自衛隊だけで冷却放水を継続すべきとする主張を堅持する声がある一方で、自衛隊独自での放水の継続続行に疑問を抱く隊員もあり、自衛隊の内部で冷却放水のやり方で揺れはじめていた。

「自衛隊の放水だけでは、焼け石に水」

現場で活動する自衛隊員らの悲痛な声が上がっていた。

「途切れる事なく放水を継続するには自衛隊では限界がある。東京消防庁の協力を得られないか」

自衛隊指揮官からは政府の上層部への意見具申がされていた。

「消防の協力が欲しい」と言う現場の声を耳にしても、首相官邸では、「原子炉の冷却放水は、あくまでも原子力災害派遣の自衛隊にまかせる」と、原災法の適用一辺倒の考えに固執していた。だが、テレビ画像で観た「焼け石に水」と酷評された一連の放水活動。そして、一向に「冷やす」効果がみえてこない放水活動の現場の現実を知った官邸も、ここにきて、ようやく「東京消防庁の協力を」の現地指揮官の声に耳を傾けだし、消防の冷却放水へと一気に進みだしたのである。

自衛隊ヘリの空中放水と警視庁による地上放水活動が、その冷却効果とは別に、福島第一原発の危機を打開する一つの転機であったとも言える。

「東京消防庁が出動するらしい」

消防界だけでなく、ヘリコプターによる空中放水をテレビで見た巷の人々の間でも噂話となって広がっていた。

一向に好転の兆しが見えず、ますます悪化する福島第一原発災害。国民の間で、日本国の存亡の危機感が急速に増してきていた。

地震発生直後では、全国の消防機関は、地震と津波による被災地への支援に全力を尽くしていたが、福島原発の一回目の爆発を境にして、「原発現場へ消防の出動があるかもしれない……」から「出動するらしい……」と、消防署内部でも一気に消防隊出動の懸念が高まっていった。

東京消防庁では、すでに福島第一原発へは二回の出動要請を経験しているが、いずれも消防隊員の放射能被爆の危険性が少ない後方支援の出動であり、しかも、途上で引き返すと言う、中途半端で、あと味の悪い結果で終わっていたが、ここにきて今や、福島第一原発の現状は危機的状況に陥り、消防隊の出動は、もはや避けらないところまで追いつめられてきていると判断せざるを得なかった。

新井総監は、一七日の自衛隊ヘリコプターによる空中放水をテレビで観て、「東京消防庁へ出動要請がくる」事を確信した。そして、緊急幹部会議で議論されたその時の状況を思いおこしていた。

「隊員の安全を守れない命令は許されない。安全無視の命令はあってはならない事」

「原子炉の冷却は消防の、義務なのか、責任なのか」

「法的に義務のない事を部下に命令・指示ができるのか」

「隊員は、義務のない業務命令を順守すべきなのか、『行かない』と拒否できるのか」

新井消防総監の苦悩はつきる事はなかった。

決断した三つの存在

決断を迫られる新井消防総監の心中は揺れた。

「出動した隊員に、もしもの事があったら職を辞する事ぐらいでは済まされない。どんな責任をとるべきか」

皇居を見下ろせる、東京大手町の東京消防庁の総監室で、新井は一人、死と向き合う命令を下す事の苦渋の選択に苛まれていた。

新井は、寡黙であった義父が戦時中、元特攻隊として死と対峙したことを語った言葉を思いおこしていた。

義父は、敵艦へ体当たりする若き特攻隊員の飛行操縦訓練の教官役を務め、多くの同僚や仲間の死を見送ってきた。「最後に俺も行く」と特攻を志願して、最後に残った飛行機で、終戦の三日前、特攻として飛び立つ寸前に、敵機のグラマン機の機銃攻撃を受け、操縦桿を握るべき特攻機が破壊され、先に特攻死した仲間達の後を追う事ができなかった苦しい胸の内を、新井に語った時の事であった。

「悔いのない仕事をしろ」

「男は家を一歩でれば真剣勝負だ」

義父が新井に託した言葉であった。

「最善を尽くす」

今の新井には、この言葉しかなかった。

「やるしかない」

新井は意を決した。

新井に決意をさせたものには、義父の言葉の他に、三つの存在があった。

その一つは、特殊災害支援アドバイザーで、放射線医学の専門家である山口芳裕教授の心強い助言と、「消防隊員が行くなら自分も同行する」と言った力強い献身的な支援が確約されていた事であった。山口教授こそ新井にとって「自分を信じてくれる人、支えてくれる人」であったのである。

二つ目は、放射能災害に対応できる一台の「特殊災害対策車」の存在であった。東京には原子力施設は無いが、いつ何時、予期せぬ放射能事故が東京都内で起きた最悪の場合を想定して、消防装備として製作配置していた特殊災害対策車があった事である。

「無用の長物」などと言われていた特殊災害対策車こそ、イザと言う時には、隊員を防護する最後の砦となり得ると新井は信じ得たからである。

三つ目は、どんな困難な状況にあっても、冷静沈着に任務を完遂する精強な消防隊員の存在であった。新井は消防隊員に対し、絶対的な信頼を堅持していた。

「部下を信じ、部下から信頼される人になる」

新井が消防総監になった時から、心に誓った事であった。

極秘命令

「東京消防庁の総力を結集して原子炉の暴走を止める」

この事を心中に秘め、新井総監は、実行への第一ステップを踏み出した。

総務省消防庁からも、政府からも、東京消防庁への正式な出動要は無い、しかし「必ず、東京消防庁への出動要はくる、その時は目の前に来ている、時間がない、座して待つより行動に移す」

新井総監は、隊員には、何の目的であるかの理由を明かさずに極秘命令を出した。

その命令とは、東京消防庁の精鋭部隊を、要請があれば直ちに出動要請に応えられるよう、事前に警防部が策定した福島原発に対する消防活動戦術を確認するために、出動が予定されているハイパーレスキュー隊と屈折放水塔車、それに遠距離大量送水車（スーパーポンパ）に、事前訓練を実施するように特令を出したのである。

「それでも行かない方がいい」

「東京消防庁が出動するらしい」

東京消防庁の職員間で「来る時が来た……」と、福島原発への出動情報が流れだしたのである。

「いつか命令がくる」

第六消防本部のハイパーレスキュー隊を束ねる統括隊長の冨岡豊彦は、覚悟を決めていた。

テレビで自衛隊ヘリの空中放水の様子を観て、「水を出すなら、プロの消防がやるべきだ」と、初めて家族の前で、原発現場への出動意思をほのめかした。そして「日本国を守らなくては……。自分の寿命が五年一〇年短くなってもかまわない。自分の手でなんとかしたい」と、冨岡は堰を切ったように、日本の存亡に賭ける自論を妻と子に説いた。

「なぜ人は、他人のために命を賭けるのか」

遭難した仲間の救出のため、荒波の海へ向う漁師の父が常々口にしていたこの重いテーマに、冨岡家は夜遅くまで話が続けられた。

「それでも行かない方がいい……」

中学三年生の長男拓哉は言い切った。

一度決めたら後へは引かない夫・冨岡の性格を知り尽くしている妻は、無言の姿勢を押し通していたが、長男拓哉は母の気持ちを察して、父の意見に歯向かうように言い切ったのである。

極秘命令が指令された

三月一七日一〇時三七分、指令電話がなった。

「第三、第八本部のハイパーレスキュー機動部隊は、第六消防方面本部ハイパーレスキュー隊基地へ集結せよ」

東京消防庁本部からの指令であった。

「ついに、来たな」

その日、当番勤務であった冨岡は、本部からの「集結指令」の意味がすぐに分かった。福島原発に関する情報は全く入って来ない。唯一の頼りはテレビニュースの情報だけと言う心細い状況の中で、我々はどのようにして目に見えない放射能災害と対峙すべきか、統括隊長としての冨岡はその重責に心迷った。だが「やるべき事は、やる」と、自分に言い聞かせ、続々と各地から集結してくる機動部隊を迎え入れた。顔馴染みの精悍（せいかん）な男達も、福島原発への活動を知ると、誰もが急に無口になり、緊張を隠しきれずにあった。


第六消防方面本部ハイパーレスキュー隊基地一階会議室で、福島原発・消防作戦会議が開始された。出席者は本部指揮隊長と各部隊の隊長である。

会議の冒頭に、佐藤警防部長から「放水は第六方面本部と第八方面本部が共同で行い、放射線量測定は第三方面本部が行う。事前訓練の目的は、活動時間の測定と活動イメージを各隊員が共有する事である」と発言があり、極秘指令の意味が、この時に初めて、福島第一原発の原子炉三号機への冷却放水に出動する事である事を各隊長は確認したのである。

会議資料は福島第一原発構内の航空地図だけであった。

「一〇名によるスーパーポンパーで、約一キロ先の屈折放水塔車へ送水し、加圧して有効放水後に、二台の広報車で脱出する。活動時間は一〇分」

設定条件の説明から会議が始まった。

ホワイトボードに、原子炉の位置を目印にして海岸線までの道路を書き記しての、消防ホースの延長方法、消防車両の進入経路と吸水位置、屈折放水塔車の固定位置など、活発な意見が飛び交された。

「いかに少ない人数で」、「いかに短時間で」、「いかに有効な放水ができるか」が最大の課題であった。

会議の結果は、二二メートルの高さしかないが、加圧ポンプ付きで毎分三八〇〇リットルの大量放水が可能な屈折放水塔車（ＬＰ）と、遠距離大量送水車（スーパーポンパー）の組み合わせの試案が出来た。だが、案はいいが、原発敷地内を掌握するだけの詳細な資料や情報がなく、放射能被曝と活動時間との関係など総合的判断を求めるため、最終的には東京消防庁の作戦本部の決定を待つ事になった。

理屈より、やってみる事だ

「実際に訓練をしてみよう」

参加部隊は未知の災害に挑戦するために動き出した。

第六方面消防救助機動部隊は、東京都と埼玉県の都県境を流れ、東京湾に注ぐ総延長一七三キロの一級河川の荒川に隣接しており、荒川の河川敷は消防訓練所として利用していた。

最高作戦会議本部からの決定を待つ間、荒川の広大な河川敷を福島第一原発の現場に見立て、試案の通りの放水隊形をつくり、実証訓練を何回もくり返し行った。

屈折放水塔車（ＬＰ）を担当する三縞機関員と高山隊長は、スーパーポンパーからのホース延長訓練を見ながら、まだ見ぬ原子炉建屋を頭に描き、高所放水の検討をしていた。

「消火が目的でなく、水を大量に流し込むだけなら、ノズルは泡消火用より放水用に切り代え、高圧で放水しよう」

「アームを精一杯に伸ばし、水が乗ってきてから調整して、ノズル角度を固定し、長居は無用、すぐに退去しましょう」

「LPは、原子炉に最接近せざるを得ない。放射線も高いはずだ、危険な任務だが確実に放水を見届け、命中を確認したら直ちに退去だ」

「やって、やろうじゃないか、ね、隊長」

三縞は自分を奮い立たせるような剛毅な態度を見せた。

爆発、そして炎が舞い、猛煙に囲まれ、落下物が頭上から襲う火災現場の現場と違い、原子炉建屋へ水を入れるだけの単純な活動であるが、その代わりに、見えない放射線と言う、三縞にとって勝手の違う手強い相手が待ち構えているのである。

「日本の救世主になって！」

一方の、ホース延長の訓練は時間との勝負にかけた。

福島原発の海岸から原子炉まで六〇〇メートルの距離を想定したホース延長を、全員が呼吸器着用で実施、強い寒風が吹く中で有効な放水まで何分かかるかの実測を繰り返した。時間は七分三〇秒。放射能汚染の許容範囲内におさまる結果を出せた。

「工夫すれが、何とかなる。だが――」

訓練を終えた隊員達もホッと安堵する反面、目に見えない放射能の恐怖感を拭う事はできずにいた。

佐藤警防部長は、一通りの実証訓練の成果を見届け、その結果を消防総監へ報告のために、大手町の東京消防庁本部へと引き返す事になった。

佐藤はこの時「東京消防庁挙げての福島原発の対応に成功した」と、妻にメールを送信した。

「日本の救世主になって」

妻からのメールが届いた。

メールを送ったのは佐藤だけではなかった、訓練を終えた隊員たちは「福島原発へ行くかもしれない、いま行くための訓練を終えた」と、父母や妻へ送っていた。

午後八時、レスキュー隊員たちの極秘訓練を終えた荒川の河川敷の訓練場は、静かな闇に包まれた。

隊員たちは、本部の最高作戦会議からの訓練結果の結論が出るまで、河川敷の訓練場現場で待機命令を受けていた。

「本部の結論はどうなったのか」

寒風が吹き荒れる河川敷の現場で隊員たちは辛抱強く待ち続けた。だが、一向に本部からの連絡は無い。待たされる隊員らのイライラが募り、訓練が無駄骨に終わるのかと思っていた時、本部からの指示が下った。

「今日は全隊解散」

今か今かと首を長くして待っていた隊員たちの間で動揺が走った。

「なぜだろう？」

「本部に何かあったか？」

「行くのか、行かないのか？」

寒風が吹き荒れる中で待ち続けていた隊員達は、不安と戸惑いを隠せなかった。

実証訓練を終えた隊員たちは、疲労を癒す時間も無く消防車両に乗り込み、列を整えそれぞれの勤務地へと引き上げて行った。

第八章　進む勇気と退く勇気

「その作戦でやろう」

「一五分以内で放水可能」

待ちに待っていた河川敷の現場からの報告が、東京消防庁の作戦室に入った。

東京消防庁では、福島第一原発の三号機周辺の放射線量は毎時四〇〇ミリシーベルトに達していると言う情報を総務省消防庁から入手していた。

東京消防庁の策定していた消防活動基準では、生涯で一度かぎりの被爆許容量は一〇〇ミリシーベルトまでとなっていた。

福島第一原発現場で活動する消防隊員の被爆許容量の安全基準とされている許容範囲の一〇〇ミリシーベルト以内に止めるには、単純計算でも「一五分間」が活動時間ギリギリの線だと作戦室では一応の目安を立てていたのである。

足立区の河川敷で実施した福島原発の冷却放水の事前訓練の結果、「一五分間で放水」が立証されたのである。

「これならいける」

活動中に爆発などの緊急事態が起きないかぎり、原発現場での放水活動は可能と判断できた、後は、消防部隊の総責任者である佐藤警防部長が、東京消防庁のトップである消防総監の判断を求める事にあった。

佐藤部長は「もはや後には引けない、行くしかない」と、決意を込めて消防総監室のドアーをノックした。新井総監は一人、デスクに座ったまま、窓の外へ目をやり、一日の仕事を終えて帰宅を急ぐ人々の姿を眺めていた。

「まあ、座れよ」

総監は部長が入室してきた事の意味は分かっていた。

佐藤は勧められるままに、総監の指した椅子に座り、二人で東京の夜景を眺めた。

福島原発では、いま正に、日本存亡の危機にある。新井総監の心中は「こんな平和な日本であって欲しい」と、祈りつつ願っているに違いないと、佐藤は感じ取った。佐藤もまた同じ思いであった。

地震発生から今日まで、家族と一緒に公舎で寝食するよりも、この総監室の仮ベットで、一人で寝起きする事が多かった新井総監の顔には、疲労の色が濃くなっていた。

佐藤部長の訓練結果の説明を受け、新井総監は即断した。

「よし、安全を優先にしたその作戦でやろう」

新井総監は佐藤の提案した作戦を了承した。

部下の生死にかかわる作戦を実行させる責任を担う男同士、検証結果の報告を終えた後も、二人の話題は続いた。その話のなかに、出動隊員を指名する時、放射線の被曝を受けた時の影響が大きいと言われている四〇歳以下の隊員は、本人の事前了解を受ける話にも及んだ。

「奥さんが妊娠している若手隊員がいます……」

「奥さんも了承したのか？」「どうして、行くなと言えなかったんだ？」

「本人同意の上での出動とは言え……」と、人前では軽々しく語れない二人だけの対話があった。

「未知の現場には、何が起きるか分からない」

二人の顔は沈んだ。

「そんな事のないよう、無事に終える事を願うよ」

二人だけの短い対話は終わった。後は出動要請がいつ来るかであった。

二人が対話をしているその時、首相官邸や関係機関では慌ただしい動きが起きていた。

消防の出動はやむなし

「東京消防庁の部隊を出動させたいと言う動きが、首相官邸と経産省の保安院で高まっている」

「東京電力からも、消防の協力についての打診があった」

新井消防総監の携帯電話には、消防庁長官からの政府周辺の慌ただしい動向が情報として伝えられてきていた。

「原発の臨界を抑える冷却放水は、本来は消防の仕事ではないが、どこも出来なければ東京にお願いするしかない」

携帯電話の向こう側から消防庁長官の苦しい胸の内が伝わってきていた。

「法的な問題があるが、東京が出動となれば、国から東京都知事へ出動要請をするように事務的にすすめている」

消防庁長官の情報は、東京消防庁への出動要請がほぼ確実になっている事を意味していた。


すでにこの頃には、新井総監の元へ、石原東京都知事からも「国ではごたごたしているが、出来る事であれはやって欲しい」と下話があった。

二回の福島原発への出動で、国や東電らの指揮系統や情報管理等の不徹底さを味わった新井総監は、「国ではごたごたしている」の都知事からの言葉が、危機迫る福島原発の対応に追いつけぬ政府内の混迷を表していると理解できた。

新井総監には、公私にわたり各方面からの電話が頻繁にかかってきていた。政府、東電、東京都や国の各省庁など、関係機関からの福島原発に関する情報の外に、全国の消防長や東京消防庁の先輩などからの激励や原発情報も寄せられていた。だが、政府や東電らからは、肝心の原子炉の現状についての情報は無いに等しく、再度の爆発発生の疑念を抱かずにはいられない状況下にあった。しかも、東京消防庁の消防部隊の出動が迫り来る状況下にあっても「免震重要棟」の存在そのものの情報すら、総務省消防庁も東京消防庁にも知らされてはいなかった。

錯そうする各種情報の中にあって、「常に冷静であれ」と、新井総監は自分自身に言い聞かせ、正式な出動要請の電話を待った。

総監室の窓から見渡せる東京の街は、すでに道行く人は少なくなり、自動車のヘッドライトだけが忙しく交叉する、夜の東京の顔に変貌していた。

首相官邸や政府部内でも、東京消防庁の出動要請の動きが慌ただしくなった。

「もはや、東京消防庁に出動をしてもらうしかない」

消防庁長官と消防行政の所管大臣である片山善博総務大臣とは、すでに「消防の出動はやむなし」と、意見が一致していた。

「総理から直接に、消防総監と東京都知事へ出動を願うべきだ」と、総務大臣は首相官邸に対し、消防隊の早期出動を進言した。

「原発力災害の対応は国の責務」と、法の建て前を頑なに守って、地方自治体の消防機関からの支援や応援を押しとどめていた官邸も、自衛隊のヘリ放水と警視庁警備車による放水の実態を知り、ここにきて、今や一刻の猶予は許されない状況と判断し、消防の協力支援の要請に踏み切ったのである。

総理大臣からの電話

一七日午後一〇時頃、消防庁長官から東京消防庁作戦室へ電話が入った。

「今、菅首相が消防総監へ、福島第一原発への出動要請の電話を入れている」

受信した担当者は声を上げた。

「エッー、菅首相から電話?」

いつ出動命令が下りてもいいようにと、事前準備に忙しい作戦室内が一瞬、シーンと静まりかえった。

消防総監室の電話が鳴った。

「総理ですが、福島原発の事だが、一度は、部隊が引き上げたと聞いているが、何とかやってくれないか？」

菅首相が言う一度引き上げとは、福島原発で一回目の爆発のあった一二日の事であり、菅首相には、なぜ消防部隊が途中引き上げをせざるを得なかったのかの事実関係について、正確な情報が総理まで伝わっていない官邸内の情報の混乱があった事を、新井はこの時、理解できた。

「今、活動方針の検討には入っています。要請があれば出動できます」

新井総監は菅首相に簡潔に答えを返した。

菅首相からの電話に次いで、消防総監室の電話が鳴った。

「石原だが、どうだ、行けるか？」

東京都知事からの電話であった。

総理から東京消防庁の出動協力要請を受けて、都知事はすぐに消防総監へ電話を入れたもので、都知事と消防総監の二人の間では、すでに、福島原発への出動については「誰もやらなければ、東京でやらざるを得ない」と暗黙の了解事項となっていた。

「現場は放射線量が高く、原子炉の爆発の危険もあるぞ、行って大丈夫か？」

都知事は、決死の覚悟で出動する消防隊員達に想いをはせ、万感の思いを込めて、石原自身の心情を新井総監へ語った。

「準備はできています、部隊を出します」

新井総監は、はっきりとした口調で答えた。

「うん、そうか。じゃ頼むな」

石原知事の言葉が一瞬、口ごもったように感じられたが、新井総監への揺るぎない信頼と、出動する消防隊員達に全幅の期待を託したのであった。

東京消防庁の出動を決定づけた石原都知事は記者会見で「放射能と言う目に見えない敵と立ち向かうには、困難な作業となるだろうが、隊員諸君には頑張って頂きたい」と語った。一方、菅首相に出動を強く進言した総務省消防庁を所管する片山総務大臣は記者団に対し「原発と言う新しく、しかも重大かつ緊急な課題に、できる限りの協力をしていただければと、思っています」と語った。

両者は共に記者の前で、消防の冷却放水に期待をしていたが、総務大臣の記者会見に同席した消防庁職員からは「隊員は防護服ぐらいしか放射線を防ぐ手立てをもっていない。それを承知で出動させざるを得ない日本の安全管理の基本が問われている」と指摘する声があった。また、防災工学の大学教授は「高所の一点へ的確に継続しての放水システムをセットするには時間がかかる。放射線が危険だからといって、短時間ですぐに戻ってくる事もできない」と、原発現場での放水作業の困難さを指摘していた。

東電関係者は「今は、安定しているとはいえ、原子炉の状況がいつまでもつか……」と不安を滲ませた。


「出動準備にかかれ」

消防総監からの指示を受け、佐藤警防部長から命令が飛んだ。

「第三、第八本部のハイパーレスキュー隊は必要資材を整えて第六消防本部へ参集せよ」

総務省消防庁長官からの正式な「緊急消防援助隊」の要請が届かぬ内に、東京消防庁は先手をうっての部隊の参集を開始したのである。

消防戦士の妻たち

第六本部の訓練場から、いったん自宅へ帰った冨岡は、遅い夕食を妻と一緒に口にしていた。

テレビ画面からは、福島原発での自衛隊ヘリの空中放水の模様が流れ、二人は無言のままテレビから目を離さず見つめていた。

テレビを凝視する冨岡のいつもと変わらぬ振る舞いだが、この日の夜は様子が違った。しきりと時計を気にしている夫の態度を妻は見逃す事は無かった。長年つき添った妻の目にはごまかしは通じない。

「何かあったに違いない。もしかして……」

妻はそれが何であるかは、薄々は感じ取ってはいるが、口に出す事を憚(はばか)り、自分の胸にしまい込んでいた。

その時、電話が鳴った。

「俺が、出る」

素早く電話に出る夫の動作で、冨岡が本部からの連絡を待っていたに違いないと思った。電話の相手は、夫豊彦の青森の実兄からで、テレビで放映されている福島原発の事が心配で、消防官になった弟の安否を気遣うものであった。

「大丈夫だよ」と、言っただけの、男同志の電話は短かった。

また、電話が鳴った。

「行く事になった、頼むぞ」

今度は、待ちに待った消防本部からの電話であった。

時計は二二時一〇分を指していた。

「やっぱり、行くのネ」

妻が不安げにつぶやいた。

「自分で見て、安全でなければやらない、誰かが、やらねばならないから」

寂しげな表情をうかべ、その場にうずくまる妻に言い残し、冨岡は自宅を後にした。振り返ると暗闇の中で立ち竦む妻の姿があった。


「来るな？」

非番日のその日、自宅にいた第三消防機動部隊隊長の鈴木成稔は、テレビ画面に向かってつぶやいた。

夜の一〇時すぎ、夕食を済ませた鈴木と妻悦子の二人は、テレビに映り出される福島第一原発の画像を、それぞれの思いで見つめていた。

その時、電話が鳴った。鈴木は妻の手を制して、素早く自ら受話器を取った。

「本部から参集指示がありました。至急、来てください」

第三消防本部からの電話である。

鈴木も妻悦子にも参集の目的は何であるかは、すぐに判断する事ができた。

「いずれは、その時が来る」と、二人は覚悟を決めてはいたが、妻悦子は心の動揺を隠しきれずに、顔をしかめ、テレビから目をそらして、その場を離れた。

「分かった、すぐ行く」

鈴木は用意していたバッグを背負って外へ出ると、妻悦子はマイカーのエンジンをかけ、夫の乗車するのを待っていた。

「行くのは俺だけではない。心配するな」

「絶対に無理しないでネ、お願いだから」

いつもの通い慣れたなれた道だが、人影が絶えた夜の道を、妻悦子の運転する車はゆっくりと、埼玉県深谷市の自宅から駅へと向かった。車中の二人はひと言も言葉を交わす事なく、ヘッドライトの射す真っ暗な闇の先を見つめていた。鈴木が行く闇の先は、目に見えない敵が待ち構えている未知の世界であった。

明々と照明が灯る駅の改札口から、コートの襟をたてた、家族の待つ我が家へ急ぐサラリーマンが、先を競うように走り去り、東京方面行の電車が来る事を告げる構内放送が流れた。

「ありがとう、じゃ、行ってくる」

「ほんとに、無理しないでネ」

鈴木の乗った東京行の空席が目立った電車が、遠く離れて行くのを、妻悦子がただ一人両手を合わせて祈り、いつまでも駅のホームに立ちすくんでいた。

「お母さん、遅いわね……」

鈴木を送ってすでに一時間ほどたったが、マイカーを運転をした母の帰りが遅いのを、留守番役の子供たちは心配していた。

「只今、お父さんを送ってきたわ、あー疲れた」

母悦子は、事さら明るく気丈に振る舞って見せたが、後日、母悦子は車中でひとり泣き通し、泣き腫らした素顔を子供たちに見せまいとして、車内で心鎮めていたことを打ち明けている。

原子爆弾の唯一の被爆国の日本国では、多くの人が放射能被ばくの悲惨さを知っていて、放射能と聞けばすぐに「死」を連想してしまうほど敏感である。妻悦子にとっても、夫の福島第一原発現場への出動は「死」につながっていた。

「行かないで、行けば死ぬ」と、口に出して叫びたい気持ちを胸の奥に閉じ込め、私を見送ったに違いないと、鈴木はその時の妻悦子の心境を語った。

夫の三度目の出動に、妻悦子の心中は不安と恐怖に苛まれていたのである。

「菅首相から消防総監へ電話が入った」

第八方面消防救助機動部隊の髙山幸夫総括隊長の元へ、東京消防庁作戦室から刻々と原発現場出動情報が入ってきていた。

「出動が来るぞ」

髙山は、不安げに集まってきている隊員に伝えた。

「都知事と総監が話し合っている」

作戦室の緊張感が髙山隊長に伝わってきた。

電話での対話では、言葉に詰まり、自分を見失うと、髙山は自宅で待つ妻へ「これから出動する。元気で戻ってくるから心配するな」のメールを送った。妻啓子から折り返し「信じて、待ってます」と返事があった。

出動隊員たちもそれぞれ出動する連絡を取り始めたのである。

三縞圭隊員は妻和美へ電話で出動する事を告げた。

「彩栄はもう寝たか、お腹の具合はどうだ。おやじに出動を知らせてくれ」

照れ屋である夫の性分を知っている妻和美は「うん、うん」と、相づちをしながら三縞の話に頷いた。

「もう遅いから、わたし寝る。家の事は心配しないで……」

出動準備で多忙な職場からの長電話を気づかい、妻和美は電話を切った。

出産を控えた妻への三縞らしい出動報告であり、子煩悩の三縞は一歳の「彩栄ちゃんの声を聞きたかった」とも打ち明けた。

三縞が電話を切った時、総合指令室から出動命令が流れた。

「第八本部のハイパーレスキュー隊は必要資材を整えて第六消防本部へ参集せよ」

東京・立川市から都心を横切り、埼玉県境の足立区へと高山総括隊長を先頭に第八本部のハイパーレスキュー隊は向かった。

深夜の出動命令

一八日午前零時五〇分、消防庁長官から、東京消防庁に対し正式に「緊急消防援助隊」としての出動要請が出された。

「ついに、きたか」

深夜の東京消防庁の作戦室に緊張が走った。

「いつかは来る」と事前の準備を進めていたが、出動要請を受けた瞬間は、係員達は互いに顔を見合わせた。

「出動命令は消防総監が直々に伝達する」

「部隊の総隊長は警防部長として真っ先に出動する」

新井総監と佐藤警防部長の二人が決めていた事を実行する時が来たのである。

北風の吹く寒い深夜、新井総監と佐藤部長は、東京・大手町の東京消防庁から、部隊が待つ東京・足立区の第六消防方面本部消防救助機動部隊隊舎へと向かった。

本部で留守を預かる作戦室の職員らは「彼らなら、必ずやり遂げてくれる」と、任務が安全に進み、全員が無事に帰って来る事を祈った。

知られざる特命出動

「出動要請が来たら、直ちに出動せよ」

消防総監らが東京消防庁から出発する前に、本部庁舎の地下駐車場から特命任務を付与されていた一台の査察広報車が、誰の見送りも無く、深夜の東京の街へ出て行った。

行先は福島第一原発でなく、千葉県千葉市稲毛区の放射線医学総合研究所。査察広報車の隊員達の任務は、福島第一原発へ出動する隊員が活動する前に服用する「安定ヨウ素剤」を受け取り、緊急消防援助隊へ確実に手渡す事にあった。

「もし手違いがあって手渡す事が出来なければ……」

査察広報車隊は一抹の不安を抱え、首都高から京葉道路へと突っ走った。

事前に連絡を取っていた放医研では、寒風が吹き荒れる深夜にもかかわらず、玄関先で査察広報車隊の到着を待ち構え、研究センター長が自ら隊員を出迎えた。

「大変な仕事ですが、頑張ってください。私たちも消防職員が無事に任務を終えられる事を祈っています」

センター長の激励の言葉に、隊員たちは感謝の答礼をした。

センター長から、錠剤と「安定ヨウ素剤投与の注意書」が手渡され、「分からない事があれば、どなたでも、いつでも、私に電話してください、私の携帯電話番号は……」と、出動する隊員の身を案じ、支援に協力する事を惜しまなかった。

「隊員に確実に手渡し、必ず先生のお言葉をお伝えいたします」

査察広報車隊は、ただちに錠剤を受け渡す機動部隊舎の東京へとUターンをした。寒風が吹き荒む深夜にもかかわらず、センター長ら係員らが、いつまでも手を振って見送る姿があった。

錠剤受領の報告を、機動部隊舎へ電話した。

「もう、部隊は出発した」

機動部隊舎の留守部隊からの返事であった。

「しくじった、遅かったか」

査察広報車隊は急遽、方向変換して、先行する機動部隊を追尾する事になった。

「首都高六号線の加平パーキングエリアで落ち合う」

査察広報車隊は先行した機動部隊を、スピードアップして追尾し、午前三時五五分に本部指揮隊に、安定ヨウ素剤を手渡し、無事に特命任務を果たしたのである。

特命隊は査察広報車隊だけではなかった。

消防の仕事は、早く出動して、早く消火や救急救護をすませ、早く勤務地へ戻り、早く次の災害に備える「短期決戦型」である。そのため、地震災害など長丁場の活動を支える支援体制は、必ずしも完ぺきな状態とはいえなかった。

この3・11東日本大震災の災害に対し、延べ八〇〇余と言う大部隊と、三〇〇〇人を超す隊員が出動し、しかも、八八日間に及ぶ長期間の支援活動では、東京消防庁で常備していた非常用の備蓄倉庫内の、飲料水や食料、その他の生活必需品や資機材等だけでは賄いきれない状態にあった。

「現地調達はするな。被災地には迷惑をかけるな」は、東京消防庁の最高作戦会議の決定事項である。

物資調達については、東京消防庁と協定を結んでいた民間企業の非常時支援協力に頼らざるを得なかった。だが、交通渋滞で物流に支障をきたし、一部で地震パニックによる水や食料等の買いだめ騒動が起きるなどして、協定業者も品不足が生じた。そこでやむを得ず、協力団体が確保していたレトルト食品を借りうけて、何とか派遣隊員たちの食料確保も見通しができた。

これら確保できた品々は、現地へ向かう支援隊の車両やヘリコプター等へ搬送協力を願い対応をしてその場をしのぎ、現地で出たゴミなどの不用物の処理は帰隊する車両に積載して東京で処理するなどの知られざる支援隊員らの姿があった。

その他の支援隊に「装備工場整備工作隊」の存在があった。五〇〇余の消防車両が支援に当たったが、エンジンフル回転での長時間の過度稼働で、エンジントラブルなどの異常が多く発生したが、被災地の現場で、消防車両・資機材等の整備を専門とする整備技術者が早期に点検整備を行う必要があり、「消防車や資機材のトラブルは消防隊員の生死にかかわる」との精神で、消防活動を支え続けた。

その他、厚生面では、「臨時健康診断の開設」をして、派遣隊員が任務を終え帰った後、全員が放射能被ばく検査を行い、結果は「全員異常なし」であり、その個人結果を本人宛で送付した。また、福島原発へ出動した隊員の家族の不安を解消するため、部隊の活動状況や健康状況、今後の予定など「家族への安否情報提供」をリアルタイムで「派遣隊は昨日九時三九分から本日三時五八分まで屈折放水塔車とスーパーポンパーを活用して原子炉三号機へ放水活動を行い、大きな成果を挙げる事ができました。活動終了後、四〇キロ以上離れた待機場所に移動して、放射線量や身体チェックを受けた結果、全隊員が異常ありませんでした」などの安否メッセージを流していた。

東京消防庁が総力をあげての地道な支援体制が、隊員達が全員無事に職務を果たせた原動力になっていた事は疑いない。

消防総監の背中

深夜、しかも、街灯も無い真っ暗な一級河川の荒川沿いに、第六方面消防救助機動部隊の庁舎だけが、こうこうと明るい灯りで、ひときわ浮きだって見えた。

冨岡が駆け付けた時、既に車庫内は出動準備で慌ただしく隊員が動き回り、出動指令を受けた部隊が、荒川河川敷の暗闇を突き破って続々と第六機動部隊庁舎の明かりをめざして参集してきた。

「消防総監が向かった」と、冨岡に連絡が入った。

消防総監が各部隊への出動命令を直接に下命するためである事の知らせであった。

日付けが代わった一八日午前二時。福島第一原発の放水任務へ向かう第一次部隊の出動準備は完了した。後は消防総監の出動命令を待つだけとなり、隊員達は、皆が口を固く閉じ、その時をじっと待っていた。


寒風が吹き付ける庁舎前に総監車は止まった。

出迎えた冨岡の敬礼に、新井総監は無言で答礼し、冨岡の案内で事務室へ一人入り、椅子に座った。近寄りがたい雰囲気を漂わせた消防総監の視線を感じた冨岡は、そっとドアを閉め、事務室を出た。

冨岡は見た。椅子に座し、無言で壁の一点をじっと凝視する総監の目が真っ赤であった事を。

「俺らの何倍、何十倍も、一人で悩み苦しみ、苦渋の決断をしたに違いない」

冨岡はその時、組織のトップに立ち、その職責の重圧に必死に堪えている男の孤独な姿を見せつけられたのである。

「俺はやる、必ずやり遂げてやる。必ず全員無事で帰ってくる」

冨岡は自分に何度も言い聞かせ、心に誓った。

出動隊員は一三九人。緊張する隊員全員に「絶対順守事項」と手書きされた一枚のコピーが手渡された。

一　全員鉛入り防護衣の完全着装。

二　二〇キロ圏内の現場指揮本部は屋内活動とする。

三　できるだけ物陰に隠れ、三号機とは対峙しない。

四　面体着装前に四〇歳未満は、ヨウ素服用。再服用は厳禁。（効果は二四時間なので時間経過後は活動禁止）

五　八〇ミリシーベルト検知で退避。

六　汚染検査が終了するまで、飲食、喫煙禁止。

七　着用衣類は、脱衣後はビニール袋に密閉。

これは、消防活動のアドバイザーである山口教授から口頭で指導された事を、とり急ぎ書き留めたものであった。

生涯一度かぎり一〇〇ミリシーベルトまでと、東京消防庁では隊員の被曝基準を定めているが、福島第一原発の正門から活動拠点の原発までの距離を勘案して、山口教授の助言を受け、八〇ミリシーベルト検知時点で退避としていた。

手書きコピーを一読した隊員達は「来るべき時が来た……」と、それぞれの思いで覚悟を決めた。目を閉じ黙想する者、暗闇の一点を凝視し続ける者、コピーを何度も読み返す者、隊員達からは声が無かった。

日本の国運がかかっている

事務室に各隊長が集められた。

そこに目を真っ赤にした新井総監が立っていた。隊長らは直立不動の姿勢で消防総監に向き合った。

「菅首相と都知事からも要請があり、私は消防総監として受諾した。皆には大変な任務を命令する事になった。日本国のためにも頼む」

新井は、ひと言一言を噛みしめる、静かな口調で訓示をした。

隊長らは総監を直視し続けた。そして、列席した隊長の中にも総監と同じ熱き涙を必死に堪える者が多くいた。

午前三時一〇分。第一次派遣隊員一三九人全員が集合した車庫へ、新井総監が一歩踏み入れた。

テレビカメラのライトと写真撮影のフラッシュが一斉にたかれ、薄暗かった車庫内はまばゆいばかりの明るさに包まれた。

「今回の任務は大変な困難が予想される。緊急消防援助隊東京都隊の活動には、日本の国運がかかっている」

新井総監の声が車庫内に響きわたった。

微動だにせず聞き入る隊員達の目は、総監を直視し続けていた。

午前三時四五分。新井総監は訓示の後、隊員一人ひとりに固い握手と激励の一言をかけ、三二隊一三九名を、寒風が舞う中で立ち、いつまでも見送っていた。

いつも見なれた荒川沿いの土手の通りから中央環状線扇大橋ランプに入り、深夜の高速道路を北へと向かった。車内では、だれ一人、言葉を口に出す者も無く、それぞれの思いを心に秘め、静かに目的地を目指した。

加平パーキングエリアで特命を受けた広報車隊とドッキングができ、安定ヨウ素剤を受け取った。

「頼むぞ」

広報隊員は、遠ざかる部隊が見えなくなるまで手を振って見送っていた。

午前五時一〇分、常磐自動車道の友部サービスエリアで給油、にぎり飯を購入し、一人一個ずつが配られ、隊員は口にほおばった。

目的地にはまだ遠い。隊員たちの頭上には、夜明けの一番星が輝いていた。

やるべき事は、すべてやった

被災地に近づくにつれ、路面が波打つなど、随所に地震被害の傷跡が見られるようになり、いつしか走行速度が遅くなっていた。

午前七時三五分、ハイパーレスキュー隊や特殊災害車隊などの活動部隊の集結場所としている、いわき市消防本部平消防署四倉分署に着いた。見渡せば津波で流された車が重なり合っている光景が随所にみられ、被害の大きさが伺えられた。

「いよいよ来たか」

眠れぬ一夜を狭い車中で過ごした隊員達は、早速に四倉分署二階で、航空写真による原発現場の状況説明や今後のスケジュールの確認を行い、ヨウ素剤が一人に一錠配られた。

佐藤警防部長らの指揮隊車は活動部隊と分かれ、事前に関係機関との連絡調整のために部隊より一足早く、活動の最前線基地であるJヴィレッジの前線指揮所へ向かった。

四倉分署に残った活動部隊は、早速に、強い海風が吹き付ける四倉海岸で、放水活動の最終確認のための検証を行った。しかし、梯子車による高所からの放水を繰り返しテストするも、強風で放水が霧状になり冷却効果は期待できないと判断、大量放水が可能な屈折放水塔車（ＬＰ）と、遠距離大量送水車（スーパーポンパー）の組み合わせで決行する事を確認しあったのである。

「やるべき事は、すべてやった。だが――？」

隊員たちは、まだ見ぬ原発現場で待ち構えている見えぬ敵である放射能との戦いに一抹の不安を抱いていた。

午後一時四〇分、四倉分署で検証を終えた部隊が、佐藤警防部長らが待つ前線指揮所のＪヴィレッジへと向かった。

Ｊヴィレッジは、平成九年に東京電力が建設した、日本サッカー協会のサッカーナショナルトレーニングセンターで、一一面の天然芝のサッカーコートと、スタジアムを有する大規模な施設である。東京消防庁の部隊が到着した時には、自衛隊ヘリの離着陸場となっており、駐車場はすでに満車状態で、施設の道路が消防本部の駐車場となっていた。

先遣隊が見たものは

午後三時〇〇分。先遣隊長として構内の偵察を命じられた富岡豊彦は、線量計を胸ポケットに入れ、放射線防塵服を身に着け、特殊災害対策車に乗り込み、目指す原発現場へ向かった。

途中の道路はいたる所で陥没が見られ、途中の一〇キロ圏内に入ると車外の放射線量が上がり、全員防護マスクを着用する事になった。

「来るべき所へ来た」

マスク越しに見る車外は、人影も車も、動くものが全く見当たらない、寒々とした光景がどこまでも続いていた。

福島第一原発の正門へ着いた。テレビで観ていた通りの広大な原発施設が、富岡ら先遣隊の前に立ちはだかっていた。

正門前で消防隊を待っていた東電社員三人を同乗させ構内に入ると、富岡は早速、メモ用紙を取り出し、消防隊の進入路を書き始めた。

「点灯していない一つ目の信号を右折、すぐ斜め右に入り五差路の一番左を行く、二号機と三号機の建屋の間に出る……」と、指差しながら詳細に書き留めた。

車外の放射線量は六〇、特災車内は〇・五と、車内は防護されていた。だが、放射能と言う見えない未知なる敵と、未知なる道路や地形・地物の存在などで、この先、いつ何時、予測もつかない事態に遭遇するか予想ができない。冨岡は慎重にも慎重を期した。

「ここからは、バック進入する」

先遣隊長の冨岡は指示した。特災車は方向変換して、バックで進んで行った。

バック進入、それは、イザと言う時の緊急脱出に備える冨岡の用心深さからの判断であった。冨岡が、漁師の父親から学んだ「常に最悪の事態に備えろ」の教えを行動に移したものであった。

事前の情報では、福島第一原発の構内は瓦礫の山だと聞かされていたが、ここまでの構内道路には瓦礫は除去され、消防活動には支障はないと判断できた。東電の社員らによる放射能汚染された悪条件の中での瓦礫除去作業の並々ならぬ努力を、冨岡は思い知ったのである。

二号炉と三号炉へ通ずる道路には門が設置されてあったが、特災車の進入には支障はなく進行し、特災車の中から三号炉を見上げながら冨岡は「ここの位置だな」と、冷却放水を行う屈折放水塔車の設定位置をメモに書き込んだ。

次はホース延長の路線を決める事であった。だが、「この先は瓦礫の除去が出来ずにあり通行できません」と、案内役の東電社員はすまなそうな顔をした。「そう、やすやすと上手くいくわけがない」と、冨岡は覚悟をしていたが、早速に一つの難関にぶち当たったのである。

「厄介な事になりそうだ」

冨岡は不安をいだきながら、いま来た道を逆戻りして、一号機北側の海岸へと下って行った。

「海だー」

故郷の津軽の海を思い浮かべる大海原が、車窓の眼前に広がっていた。

車外の放射線量は〇・八。車内に留まっていれば安全だが、「ホース延長は後続隊員がやるもの」と、自分の足でしっかりと確かめ、隊員らに身をもって指示できるようにと、冨岡は狭苦しい特災車から放射線量が高い屋外へ出た。

汚染された福島原発の地に、消防人として初の第一歩を踏み出したのである。

マスクを通しての、海原も、原子炉も、普段と変わりなく見え、何の音も匂いない。

「世界中が注目している場所に立っている自分が不思議に感じた」と、冨岡は当時を回顧した。

前進を阻むもの

先遣隊車は一号炉から海岸の方へ下って港の荷揚げ場に着いた。

地震の影響で陥没や亀裂があったが、放射線量も低く、ポンプ車が揚水するには絶好な場所と確認した。そして、この荷揚げ場の位置から三号炉までのホース延長経路を辿る事にした。

二号炉へ近づくにつれ、放射線量は次第に高くなってきた。

進むうち、前方の道路一面に数本の消防ホースが、道路を独占するように伸びている場所に出くわした。「我々の消防隊のホース延長のために、このホースを左右に整理する事はできないか」と、案内役の東電社員に問うと、「これは原子炉冷却中の大事なホースだ、移動は危険すぎる」と答えられ、消防隊のホース延長は別ルートへ変更をせざるを得なくなった。

別のホース延長ルートを選定すべく前進して行くと、予想もできなかった巨大な障害物が前進を阻んだ。

「あれは何だー？」

海沿いにあった高さ九メートル、直径一二メートルの巨大な重油タンクが津波で流され、道路を完全に塞（ふさ）いでいた。

「ホース延長車では無理だ」

冨岡は、既に策定していた放水作戦の変更をせざるを得ない窮地に立たされた。

ホース延長車で訓練を重ねて来た事が役に立たなくなり、隊員が総出での手広めによるホース延長しか方法は無くなったのである。

「今までやった訓練ではだめだ、やり直す。だが時間が無い」

冨岡は焦った。そして、冨岡はいま来た経路を引き返し、再度、自分の目と足で、手広めによるホース延長の確認を始めた。

冨岡は、ホース延長車を一号機に迂回させてホース延長をして、車両通行障害のある残りの約三〇〇メートルを人手でホース延長する方法を考えた。だが、人力で、直径一五センチ・長さ五〇メートル・重さ一〇〇キロのホースを、七本をつなぐ合わせるためには、放射線被爆を最小限に抑える時間との壮絶な戦いになる。

「だが、やるしかない」

冨岡は、困難は承知の上で、今まで訓練をしてきた事を思い起こし、作戦変更を決意した。

選んだ退く勇気

福島第一原発の現場は夜のとばりが落ちていた。

暗くなった福島第一原発の正門には、第一陣の部隊が勢ぞろいして、冨岡らの先遣隊が戻って来るのを待ち構えていた。その中に、今か今かと、待ち続けている第八消防方面本部の隊長の髙山幸夫の姿があった。

構内から戻って来るなり冨岡先遣隊長は、正門前へ各隊長を集合させ、現場の状況から作戦変更の必要性を説明した。だが、放射能に汚染された原発施設の入り口で、しかも暗闇の中での説明だけでは隊員全員に作戦変更を十分に理解させるには無理がある。拙速に事を進める事は厳に戒めるべきと冨岡は判断して、一旦、Ｊヴィレッジへ帰隊して再検討する事にした。


時間は刻々と過ぎて行く。原子炉の冷却は時間との勝負だ。

冨岡はＪヴィレッジの「現場指揮本部」で待つ佐藤警防部長の元へと戻り、現場の状況と作戦変更についての説明をして決行の判断を求める事になった。

部下へ死を賭しての「やれ」とは命令できない、それは無謀だ。

「決死の覚悟」の勇ましい格好のいいかけ声はいらない、「弱虫」「臆病」「卑怯」と言われようが、やるからには死を回避し、生きて帰還する方策を見つけ出す事が先遣隊の使命だ。

この時、冨岡は「進む勇気」か「退く勇気か」の選択を迫られていた。そして冨岡は一旦「退く」を選んだのである。

「勝利なき戦いは敗北しかない」

冨岡は心に誓い、先遣隊長としての任務を終えた。

いら立つ、情報遅れ

「放水はどうした？」

Jヴィレッジで、「今か、今か」と「放水成功」の吉報を待ち続ける佐藤警防部長。その吉報を待ち望んでいるのは、消防の指揮隊の他に、自衛隊や総務省消防庁、それに東電社員らがいた。

福島第一原発の現場から二〇キロ離れたJヴィレッジ施設の屋外に止めてある、情報通信工作車内の「現場指揮本部」にいる佐藤警防部長の元には、現場からの吉報が届かなかった。

無線も携帯電話も電波障害の影響でほとんど使えない情報疎外に置かれていたのである。しかも東京消防庁はこの時点で、福島第一原発の敷地内にある東電の最前線指揮本部の「免震重要棟」の存在さえ知らなかった。政府、東電、行政間の、災害情報管理体制にも亀裂が生じていたのである。

一方、原子炉の危機迫る状況から、東京の対策統合本部は混乱して、Jヴィレッジ内に設けられた現場への命令系統が一元化されず、誰が、どんな理由で、誰に、指示命令を出しているのか、判断しかねるケースが見受けられ、その確認などで現地も混乱が生じたのである。

東京消防庁の応援隊も到着早々に、東電や政府、それに経済通産省などの指揮命令系統の混乱に巻き込まれたのである。

佐藤警防部長が、Jヴィレッジへ先着して「現場指揮本部」を設置するなり、東電社員から「一号、二号機にも放水して欲しい」と要請があった。東京消防庁は、この突然の申し入れは、現場活動の本質を理解していないと判断して、「三号機への放水の命令を受け、作戦をたて、訓練を積み重ねて来た、今さら急な要請には答えられない」と返答した。

さらに東京の統合対策本部から、放水開始時間の変更連絡が入った。

「午後三時まで外部電源の工事を行う。東京消防庁の放水は午後五時から実施して欲しい」

東京消防庁では、放水は、円滑な活動と隊員の安全の視点から、昼間の明るい時間帯を予定し、訓練を重ねてきていたが、ここにきて、又も予定が変わったのである。

だが、原子炉冷却システムの回復には電源確保は欠かす事ができない。東京消防庁は「やむを得ない」と、午後五時以降の放水活動を了承した。それは放射能と言う見えない敵に加え、さらに、暗闇と言うもう一つの敵とも戦うはめになったのである。福島原発から遠く離れた東京の対策本部も情報混乱に東京消防庁は翻弄され続けた。

「午後五時放水」が決定まると、東京の対策統合本部から頻繁に電話が入ってきた。命令系統が統一されていないために、大臣、首相補佐官、東電の幹部など、様々な関係者からの問い合わせや指示などが殺到し、その電話の中に「言う通りやらないと処分する」発言もあった。

放水は失敗か

すでに午後五時は、とっくに過ぎていた。遅くとも、予定では放水が開始されている時間である。

「どうなっているんだ」

佐藤警防部長は放水の一報が届かぬ事に苛立ちをみせた。そして、隊員を見送った原発現場の方向を見つめ、「半分は家族の元に戻れないかも？」と、最悪の事態が脳裏をよぎった。

その時だった、暗闇の中から赤色灯が見えた。

点滅する赤色灯が見え隠れしながら向かって来て、待ち構える佐藤警防部長の前で停車すると、髙山隊長が飛び降りてきた。

「どうした！」

佐藤警防部長は叫んだ。

「放水が出来なかった」

髙山隊長は口早に報告した。

「失敗か？」

佐藤はその瞬間、「全員が被爆した」と悲痛な気持ちになった。

「いや、違います。現場に入ったのは偵察隊だけで、本隊は正門の外で待機していきます。作戦の練り直しのために部隊がこちらへ向かっています」

髙山隊長の返事で佐藤は我に返った。

「そうか、まだチャンスはあるな」

佐藤警防部長は安堵し、作戦変更の検討を始めた。

だがこの時、この「作戦の練り直しのために、こちらに向かっている」との報告を近くで聞いた関係者の一人が「消防隊は放水をしないで戻ってきた」つまり「消防隊が退去」と受けとられる情報として伝聞となり、後日、ひと騒動のきっかけにもなる事を隊員らは知る由もない。


「よし、直ちに作戦会議だ」

「現場指揮本部」の情報通信工作車内で、冨岡先遣隊長は現場の図面の前で、佐藤警防部長に現場の詳細な状況報告と作戦変更の必要性について説明を始めた。

作戦会議は緊張感に包まれた。

列席した各隊長は一言も聞き洩らさぬよう耳をそばたて、充血した目を皿のように見開き、現場の図面を凝視した。

ホースの手広め延長を短時間で完了する方法。汚染を最小限に抑える工夫。的確な指揮命令伝達。放射線測定数値の迅速な伝達。緊急避難の方法など、作戦変更に伴う徹底的な事前説明と指示がされ、見えない未知の敵との戦いに勝利するための周到な態勢で臨む姿勢が徹底された。

「よし、吸水側と放水側の二班編成にする。一班は吸水側、二班は放水側として、両側からホースを延長する。放射線の被ばく限度になったらバスで引き返し、待機している隊員と交代する」

佐藤警防部長は作戦の変更に踏み切った。だが、作戦の実行には予想もしていなかった困難な問題が山積されていた。

第九章　原発現場への再突入

「やる時は、今だ！」

「日本の国難を脱するには、やるしかない」

新井消防総監からの返事が派遣部隊長の佐藤警防部長へ届いた。

この時、新井は、一三九人の隊員一人ひとりと握手を交わし、現地へ向かわせた時の隊員の顔を思いおこしていた。

「任務をやり遂げて、必ず、無事に帰って来い」

隊員に声をかけた言葉を噛みしめ、安全を祈った。

今、この時、東京消防庁が練りに練った冷却放水計画の基に、隊員達が訓練を重ねて来た放水作戦を中止して、新たな態勢を再構築する事では遅すぎる。原子炉の暴走を食い止める時間的な余裕はもはや無い。待つ事は、暴走に拍車をかけてしまう結果につながると判断したのである。

「やる時は今だ、今しかない」

佐藤警防部長は、部隊の出動を伝えた。

突入隊員達は、災害救助の特別訓練を受けた精鋭部隊のハイパーレスキュー隊員の一三九人。救急救命士や、建築・土木作業などの重機操作ができる国家資格などを持つ有資格者ぞろいである。一方、鈴木成稔隊長が指揮する第三機動部隊員は放射能物質に関する特別研修を受け、放射能についての一応の知識は得てはいるが、鈴木隊長を含めハイパーレスキュー隊員達全員は原発災害での実戦活動は初めての事である。

出動車両は、中性子線やガンマ線を防げる装備をも持つ、東京消防庁にとっては正に虎の子の「特殊災害対策車」と、遠距離に大量の水を送る事ができる「遠距離大量送水車」、それに高所から放水する「屈折放水塔車」の三台が、初の原子力災害に挑戦する主力車両である。

「第三機動部隊は放水隊員達の盾となれ」

佐藤部長が、特殊災害対策車の鈴木成稔隊長へ告げていたのである。

「自分の浴びる放射線量が大丈夫なら、活動隊員の安全を護る事になる。必ず無事に帰ってきます」

鈴木隊長は部長へ力強く誓っていた。

その時、鈴木の頭によぎったもの、それは、自宅で緊急呼び出しを受け時の、唇を噛みしめ、一言も発せずジッと見つめた妻の顔。マイカーを運転して駅まで送ったくれた無言の妻の横顔。改札口で「気をつけてね」の一言だけを言い、涙をこらえる悲しげな顔であった。鈴木の「必ず、無事に帰ってきます」の言葉は、妻へ誓ったものでもあった。

「やってやろうじゃないか」

各隊が出動準備に入った。

各隊長は隊員に対し、再検討した最終の活動方針の説明を始めた。

「今まで訓練して来た一班編成を、吸水側と放水側の二班編成とし、両方からホースを延長する事になった、それも君達の手広めでやる事になった。君達ならできる」

「三本のハイパーの特殊災害車が最前列に停止して、放射線の盾になる」

「それぞれの班にマイクロバスを一台ずつ増強する。活動中に放射線の被曝限界になったら活動を中止してバスで引き返し、後は待機している後続隊に交代する」

「放射線測定員の指示を厳守する事。自分の勝手な言動は厳に慎み、相互協力してこの難局を打破して無事に帰って来い」

説明が終わると、隊員達は忙しく準備に入った。

「ついに、来たか」

隊員達は、二四時間効果があると言われたヨウ素剤を呑み込んだ。隊員の中には、ヨウ素剤入りの封を切るのももどかしく、歯で食いちぎって呑む者もいる。

出動命令が出るまでの寸暇を惜しみ、家族へ携帯電話をかける者もいる。

仲間からひとり離れ、寒風にさらされながら、物思いにふける隊員がいた。「屈折放水塔車」の操作担当を命じられた第八消防本部の三縞圭機関員である。

「俺のミスで、失敗したら」

三縞にプレッシャーが重くのしかかっていた。

説明を受けた現場の見取り図を、自分の頭に叩き込み、暗闇の手さぐりの状況で、いかに早く確実に車両を停止し、車両を安定させ、目標を定めて伸梯し、無事に架梯操作を終え、原子炉内へ有効放水ができるかを思案していたのである。

一人たたずみ思案する三縞を、先遣隊長の冨岡が見ていた。

先遣隊長として現場を検証してきた冨岡は、自ら書きしるした現場メモを手に持ち、三縞に歩み寄り言葉をかけた。

「停車位置付近には障害物は無い。架梯位置はこの位置だ。架梯を終えたらすぐに引き返せ。君なら出来る。いつものように、やればいいのだ」

冨岡の助言に、緊張気味の三縞に笑みがこぼれた。

三縞はこの時、今まで抱いていた恐怖心や不安感が、自分の身体からスーッと抜けていくのを感じたと言う。

「やって、やろうじゃないか」

三縞は、自分自身へ向けて言い放ち、自分自身を奮い立たせた。

三縞は、自分自身の持つ能力と鍛錬した技術力に絶対的な自信が湧いて来たのである。自己への自信、そして、信頼できる仲間との絆が、三縞へ勇気と言う力を与えた。

ハイパーレスキュー隊突入

「準備はいいな。出動」

佐藤部長や冨岡隊長らに見送られ、東京消防庁の第一陣のハイパーレスキュー部隊が列をなして前線基地のJヴィレッジを出発した。行先は、二〇キロ先の、見えない敵が待ち受ける福島第一原発である。

一八日午後一一時二〇分、部隊は福島第一原発の正門前へ到着した。

そこは、物音ひとつ聞こえない、シーンと静まり返った、不気味な静けさに包まれた、真っ暗闇の中にあった。

爆発で骨組みがむき出しになった原子炉は、人を寄せ付けない、廃墟となった幽霊の出る古き城郭にも見えたと隊員は言う。死神が手招きをしている様にも見えたとも言う隊員もいる。

現場に着いた隊員たちは息をのみ、隊員たちの足が竦（すく）んだ。

「頼むぞ」

お守り用としてポケットに忍ばせた家族写真を握りしめる隊員もいる。

髙山隊長は、暗闇の中に潜む、未知の災害への恐怖を感じた。だが、幾多の災害現場で修羅場をかいくぐってきた猛者の髙山隊長は、指揮者は部下の前では決して動じてはならない、そして、隊員に不安や迷いを与える命令・指示はしてはならないと言う実戦経験があった。

「落ち着いた口調で話す」が指揮者としての極意だと、髙山は語る。

正門前の暗闇の路上で広げた原発現場の構内図を、ヘッドライトの明かりだけを頼りに、突入部隊にとって最終の作戦の確認が行われた。

「ここから、最短距離に進む」

「ここからホースの手広めを始める」

「脱出は来た道となるのか？」

「そこには瓦礫はあるのか？」

活発な意見が飛びだして、暗闇の中での最終確認を終えた。

「これから活動を開始する。落ち着いて行動する事」

髙山隊長の、いつもの、はっきりとした口調の指示が出た。

「それ、行くぞ」

弱気になる自分へ気合を入れるかのように声をかけ合い、隊員達は競って自己隊の車両へ向かって駈け出し、乗車して出動に整え、隊長の指示を待った。もはや彼らには迷いは無かった。

「出発してください」

隊長車からの無線が各隊へ流れた。

「了解、三本特災車、出発します」

一九日の零時前、特殊災害対策車を先頭に、第一陣の部隊は二手に分かれて正門から構内へ突入した。海水を送水する遠距離大量送水車は、遠く迂回して海岸へ。放水を担う屈折放水塔車は、正門から真直ぐに三号機原子炉へと分かれた。

「ハイパーレスキュー隊が突入」

現場から指揮本部へ突入情報を送ったが、消防隊が送った情報は、二〇キロ離れたＪヴィレッジの指揮本部には届かなかった。

「何か連絡があったか？」

「何も、ありません」

待つ方の時間経過は長く感じる。届かぬ情報を待つ指揮本部はいら立った。

消防無線と携帯電話、そして衛星電話での「到着報告」や「突入情報」も、通信障害によって、本部では消防部隊の情報をキャッチする事が出来ず、現地での活動状況の時間経過などについても、東京消防庁として把握できなかった。


「今、消防隊が集結中である」

「今、消防車が三台ずつ、二回に分けて正門から入って行った」

東京消防庁の指揮本部には、東京電力の担当者から、消防隊の現場情報が逐一伝えられていたのである。

「なぜ、東京電力が、現場での消防の動向がわかるのか——？」

Jヴィレッジの消防指揮本部が、その謎が原発構内にある「免震重要棟」だと分かったのは、第一陣の放水活動が終えた一九日になってからであった。

「なぜ、もっと早く、免震重要棟の存在を知らせてくれなかったんだ！」

東京消防庁へ出動要請した総務省消防庁は東電と政府へ強く抗議した。

突入した隊員達は、先遣隊から得た原発構内の情報と、放射線の盾となる特災対策車隊員からの情報だけが頼りであったのである。

「免震重要棟の存在が事前に分かっていれば、消防作戦は変わっていたし、もっと早く、安全に、放水ができていたはずだ」

東京消防庁は怒りをぶちまけた。

危機的災害の対応には、正確な情報をいかに早く掌握するかが勝負を決定づける。

「情報の共有」と言う、阪神・淡路大震災時の貴重な教訓が、いとも簡単も破られていたのである。福島第一原発事故も「情報共有の失敗」を教訓として残した。

アラームが鳴り出した

第一陣の隊員が構内へ進入した。

屈折放水塔車を三号機建屋に接近させ、その場所から、海水を送る遠距離大量送水車が停車した海岸までは、延ばすホースの全長は約八〇〇メートル、その間、放射線を遮るものは何も無い。その内、手広めで延長するホースの距離は約三五〇メートル、防護服に身にかくし、空気呼吸器など二五キロの装備を背負った彼らには、放射線と言う見えない敵と、重さ約一〇〇キロ、長さ五〇メートルのホース七本を四人がかりで運び、ホースを素早くつなぎ終えなくてはならない、時間との競争と言う、苛酷な作業が待ち受けていた。

先頭車は鈴木隊長が指揮する第三本部の特殊災害対策車。測定隊員は常に放射線量が高いと予想される原子炉側に身をおき、見えぬ放射線の盾となって隊員らを守り、放射線量の確認を継続するよう鈴木隊長に指示されていた。

作業に時間がかかる場所には、二人一組の測定員の配置を決めていた。その重点測定地点は、屈折放水塔車の操作付近と、遠距離大量送水車の操作付近、それに、手広めでホース延長する三五〇メートルの瓦礫が散乱する悪路。測定隊員は指定された重点測定地点の屋外へと降り立った。

「ピーピーピー」

車外へ出たとたんに、線量計のアラームが鳴り出した。

放射線量の測定値は微量であったが、何も見えない、臭いもない、熱さも痛さも感じない、そんな得体の知れない放射線の存在に、測定隊員達は恐怖と不安で、その場に立ちすくんだ。測定隊員は周囲を見渡しながら測量計をかざし、一歩、また一歩と、前へと進み、進むにつれ放射線量は増え、アラームの音がけたたましく鳴り響いてきた。

屈折放水塔車、準備完了

三縞が運転する屈折放水塔車が進む暗闇の先に、ライトで照らされた三号機建屋が、三縞らを覆いかぶさるようにその巨大な姿を現した。

「でっかいなー」

フロントガラス越しに見上げた三縞は思わず声を上げた。

三号機建屋の高さは四五メートル。屈折放水塔車のアームは伸ばしても二二メートル。予想していた以上の建屋の巨体に、三縞は一瞬「はてな?」と、頭を傾げた。だがすぐに、どの位置へ停車してアームの先端位置はどこにすべきかを、頭に叩き込んだ作戦図で思い起こした。

「すべて作戦通りにやればいい」

三縞は、防護服の上から右胸のポケットに入れてある、一歳半になる愛しい娘の彩栄ちゃんの画像を記録してある携帯電話を手で押さえた。

「よしー」

三縞はサイドブレーキを引き、運転席から外へ出た。

停車位置は三号機の壁からわずか二メートル。車外は粉雪まじりの寒風が舞い、防護服の下に身に着けた三縞のポケット線量計が鳴り出した。三縞にはアラームは聞こえるが、防護服を脱がぬかぎり計器の線量は目で確認はできない。

放射線量を監視する測定隊員の計器には六〇ミリシーベルトを指し、その線量は、一般人の一年間の被曝許容量に一分で達する。

「心配ない。落ち着いてやれ」

測定隊の鈴木成稔隊長の声が背後から聞こえた。三縞に勇気を与える声である。この時、放射線の盾となって三号機の前で立ちはだかる鈴木隊長は、線量計のゲージを見つめながら、身の隠し場所のない屈折放水塔車の操作台での長時間の活動は危険だと判断、身重の妻を持つ三縞の身上を知った鈴木は、一刻も早く活動を終える事を願った。

「ここは自分だけでない、自分を守ってくれる仲間がいる」

三縞は、忙しく鳴り響くアラーム音をものともせずに、鈴木隊長の声に応え、いつもの手慣れた屈折放水塔車の操作を始めた。

車両を固定させるジャッキレバーを引いた。車両の左右二ヵ所、四つのジャッキが下りだし、車両が水平に保たれた事を計器で確かめた。

「固定よし」

三縞は四ヶ所の固定ジャッキを指差して安全を確認した。

タラップを駈け上がり、操作台のアームレバーを握った。見上げる先は暗真っ暗な闇、アラームが忙しく三縞を追い立てた。

三縞は一呼吸して、目指す建屋の方向へアームを向けた。白色に塗られたアームがゆっくりと伸びていき、先端のノズルが背伸びをするように建屋の上部へ角度を向けた。

「よし、準備完了」

三縞は自信ありげに声を張り上げた。その声は、防護服のマスク越しに隊長の耳にも届いた。

「良かった」

垂直に伸びるアームの先を見上げる高山と鈴木の両隊長の表情が、ホッと安堵する顔にかわった。

屈折車の放水の準備はすべて順調に終えた。後は送水隊がホースをつなぎ、スーパーポンパから送水してきた貴重な海水を加圧して、建屋上方へ放水すれば三縞の任務は完了である。

「三本部、屈折放水塔車、準備完了」

「接続後はすぐに放水はじめ」

「了解」

各隊との無線連絡も終わった。

「一時、退避」

鈴木隊長が指示を出し、一刻も早い退避を促した。

放水準備の任務を終えた三縞らは、少しでも被曝線量を避けるため、五〇メートル離れた路上に用意した脱出用のマイクロバスの陰に身を隠し、スーパーポンパーからの送水の一報を待った。

身を隠した三縞の無線機からは、「一〇〇ミリあるぞ……」「慌てるな……」「足元、注意しろ！」など、悪戦苦闘している放水隊員達の怒号にも似た声と、線量計のアラームが漏れてくる。

「がんばれ」

三縞は、暗闇の中で、放射能と言う見えない敵と戦っている仲間達に思いをはせ、仲間が送水してくれた水は一滴とも無駄にはさせないと自分に言い聞かせた。

スーパーポンパー活動開始

積み上げられた瓦礫の間を縫うように、スピードダウンしたスーパーポンパーは用心深く、吸水場所である海岸へと向きをかえて進んだ。物音一つしない不気味な静けさの中で、スーパーポンパーのエンジン音だけが闇夜を支配していた。

「すごいな――」

目を凝らしていた隊員達に、行く先を射るヘッドライトが、激しかった津波の痕を見せつけていた。

暗闇に包まれた岸壁は、今にも崩れ落ちそうに見える、ちょっとしたミスが命にかかわる危険でいっぱいだ。眼前に広がる予想外の状況に「大丈夫だろうか」と、隊員達に不安がつのった。

広い場所へ出た。指示されたスーパーポンパーの停車位置は近い。隊員らは暗闇に目を凝らし、身構えた。

「よし、ここだ」

スーパーポンパーの揚水場所へ着いた。

その場所は、寒い海風が吹き抜ける場所だった。眼下に広がる太平洋の海原は、遠く白波がたち、潮騒の音だけが、一時の穏やかさをかもしだしていた。

「スーパーポンパー現着、活動開始します」

各隊へ無線情報が流れた。

星灯り（ほしあかり）一つない海岸縁で、隊員達は足元を確かめながら、恐る恐る車外へ一歩ふみだした。

「ピーピーピー」

隊員のポケット線量計が鳴り出した。防護服を着装した隊員達には線量計のデータを見ての確認はできない。隊員達は顔をしかめ、その場で足を止めた。

「微量だ、心配ない」

同行した測定隊員が隊員らに告げた。

「スーパーポンパー、ホース延長開始」

出動隊へ無線情報が流れた。

けたたましい「ピーピーピー」のアラームが鳴り響く中、ホース延長車が次々と積載ホースを車外へ落としながら延ばしていく。歴戦の隊員にとっては、いとも簡単な訓練どおりの作業である、隊員達の難敵は見えない放射線である。

ホース延長車でホースをつなぐのは四五〇メートルまで、残りの三五〇メートルは、爆発して放出した放射線量が高い一号機の脇を、防護服の下に三〇キロの装備を身に着けた隊員達が、一本一〇〇キロのホース七本を、抱えて運び出し、真直ぐに伸ばし、ホースをつなぎ合わせると言う、放射線被曝のリスクが高い作業が待ち構えていた。

一〇〇キロホースは人手を使わず、ホース延長車が走りながらホースを自動的に延ばしていく仕組みになっていて、人の手をかりて一〇〇キロのホースを延ばすと言う訓練をした事がない。

人手による手広めホース延長が、予想もしていなかった原発災害現場と言う実戦の場で初めて実施されるのである。

見えぬ敵との死闘

「この先は手広めだ、足元も悪い、気をつけろ」

ホース延長作業の最後の難関である場所にきた。そこは爆発当時には建屋付近で四〇〇ミリシーベルトと言う高濃度の放射線量が検出された三号機の近くだ。隊員が運びやすくするために小綱で縛りつけた直径一五センチ・長さ五〇メートル・重さ一〇〇キロのホースが車外へ降ろされた。

ホース延長先は、見えぬ敵の放射線が舞う真っ暗闇の中にあった。

「行くぞー」

隊員が四人がかりで重い一〇〇キロホースを抱え、延ばし始めた。

真っ暗闇の中、しかも、二〇キロの装備を背負い、普段から身に着けた事も無い不慣れな防護服に全身を覆い隠した隊員達は、いつもと勝手が違い、機敏な行動は影をひそめ、素早い行動、手際のいい手腕をみせるハイパーレスキュー隊員の持つ精悍さは見られなかった。

「ちきしょうー」

思うように動けない、まだるっこい自分の行動に、隊員達は悔しさを口にした。

火災や救助現場では、敏しょうな行動をとるレスキュー隊員にとっては、着なれない防護服を脱ぎ捨てたい衝動にかられていた。

隊員達の顔が歪み、隊員達の荒い息づかいが、防護服から漏れてくる。

「ピーピーピー」

放射線の盾となった測定隊員の線量計と隊員のポケット線量計が、静寂な闇を破って、けたたましく鳴り響き続けた。

「ザァ、ザァーザァーザァ」「ドタ、ドタ、ドタ、」

隊員が重いホース引きずる音と、隊員が忙しく駆け廻る足音らしきものが闇の中から聞こえ、積もった塵（ちり）がチカチカと光りながら舞い上がる。

消防隊員達のヘッドライトの照らす光が右に左へと交叉し、暗闇の中で乱れ飛んだ。

隊員の一人が右手を上げている。一本目のホースの結合を終えたと言う合図をする隊員の後姿がヘッドライトに照らされた。

現場は、見えぬ敵である放射線と時間との壮絶な戦いの場になっていた。

「早く、もっと早く」

ホースを担当する隊員も、放射線測定隊員も、そして現場の指揮者の髙山隊長も、被曝時間を少なくする事を、誰もが願っている。

髙山隊長の心の中では「早く」と急いても、噫（おくび）にも隊員に急かせる態度を見せず、毅然とした態度で隊員達の一連の行動を見守り続けた。隊長が無言で見守っている事は消防活動が安全で順調である事を隊員達は知り尽くした信頼関係にあった。「どんな騒然とした現場でも、隊長の声だけは聞き洩らすな」が、髙山の現場経験で得た教訓の一つである。

「身体を動かす消防活動は辛く苦しい、だが、ジッと堪える時も辛く苦しい。何度も手を出したい、隊員と同じように活動をしたい衝動にかられた」と、統括隊長の高山幸夫は語る。

「早く作業を終え、現場から脱出」

何回も言い聞かされた事だが、かってが違う防護服での活動に隊員達は、苛立ち、戸惑い、焦っていた。

隊員達は「早く、早く」を念頭に、ただひたすらホース延長作業に動き回り、腕時計を外して活動する隊員達には、自分達の活動時間の経過を知る手段はない。活動時間が長くかかったのか、短かだったのか、この時、隊員達には時間の感覚は失せていた。

「この時、原子炉が爆発したら？」

この時この現場は、高山隊長に、チェルノブイリ原発で多くの消防隊員が犠牲になった事を思い起こさせていた。隊員を無事に帰させると言い切り、隊員も隊長の言葉を信じて、かって経験をした事のない、見えない敵との時間と戦い、苛酷な体力勝負の作業に当たっている隊員を見て、高山の心は急いていた。

線量計のアラームが激しく鳴り続ける、だが「早くしろ!!」の声を張り上げる事はできず、髙山は「早く」を自分の腹の奥へ呑み込んだ。

隊員達がホース一本を延ばすたびに、散り積もった砂塵が舞い、線量計が示す被ばく線量ゲージが上がっていった。

「突き辺りまで行けないぞ！」

「突き辺りまでですねー」

「その道路の真ん中にマンホールがあるぞ！」

「左側にマンホールの穴が開いている」

「左側ですねぇー」

真っ暗闇の中で、隊員同士の緊迫した、激しい口調の無線通信が飛び交う。

「慌てるな！　足元注意！」

「ここは、線量は高くない、心配ない」

測定隊員が隊員へ呼びかける。だが事態は一変、強烈な線量が計測されたのである。

舞い上がる光る塵

突然、測定隊員が叫んだ。

「この辺は、一〇〇ミリある。左側へ寄れ！」

ホースの延長先が、最初に爆発した一号機建屋に近づいた、その時だった。

隊員が駈けて行く先々で、ヘッドライトに映りだされる、チカチカと光りながら舞い上がる塵(ちり)。鈴木隊長は、それは放射性物質を含んだ砂塵だと判断した。

「退避か続行か」

高山、鈴木の両隊長は決断を迫られた。

ホース結合の完了は目の前までに来ていた。ここまでやっての退去は無駄骨に終わる、両隊長は、マイクロバスを盾にしてのホース延長を決意した。

「この周辺は一〇〇ミリ、車両の左側を通って下さい」

鈴木隊長は、隊員を退避用のマイクロバスの陰へ呼び寄せた。放射線の防護にマイクロバスを使い、バスを走らせながらホースを繋いで行く戦法をとったのである。

「半端じゃねえナ、これー」

測定隊員が線量計のゲージを見ながら言い放った。アラームは途切れる事なく鳴り響いていた。そんな状況の中、最後のホースをつなぎ終えたのであった。

「よし、よくやったー。退去」

全員がマイクロバスへ乗り込んだ。

部隊が正門に到着してから約一時間。日付けがかわった一八日〇時一五分に、ホース結合は完遂した。


「送水開始」

スーパーポンパのエンジンが唸りを上げた。

平べったいホースが、加圧された水で丸く脹らみ、まるで生き物のように跳ね上がりながら、暗闇の中へ縫って行った。

「行け。行け。行け……」

隊員が、脹らんでのびて行くホースの後を追いかけた。

「ブゥオー」

屈折放水塔車の先端から勢いよく水が噴き出した。

「やった！」

マイクロバスを盾にしていた隊員らがガッツポーズをした。

待っていた屈折放水塔車

「送水開始」の声を三縞隊員は聞いた。

「よしー」

気合をいれ、三縞は脱出用のマイクロバスの陰から飛び出し、五〇メートル先の屈折放水塔車に向かって駈けだした。

「ガサガサ」と三縞の後を追う足音が聞こえたが、三縞はふり向かずに、懸命に走った。

「さあ、今度は俺の出番だ。国難を救うためにつないだホースに流れる『魂の水』を一滴も無駄にはできない、さっさと片づけて帰る」と、三縞はその時の心境を語った。

「ピー、ピー、ピー」

ポケット線量計のアラームが鳴り出し、防護服を身に着けた三縞は息を切らして走った。

三縞のヘッドライトの明かりが暗闇の中で揺れ動き、その先に三縞がセットした屈折放水塔車が見えてきた。星灯りも無い暗闇の上空に、屈折放水塔車の先端から水が噴き出しているのが見る。小気味好いエンジン音が聞こえて来る。屈折放水塔車は三縞が来るのを待っていたかのように、三縞がセットしたままの正常な運転状態を保っていた。

三縞は操作台へ上るために、手すりに手をかけ、タラップに足をかけた。

「大丈夫だぞ、心配ない」

息づかいの荒い声が背後から聞こえた。その声の主は、後から追って駈けて来た測定隊の鈴木成稔隊長であった。

「俺を見守ってくれる人がいる」

三縞はこの時、鈴木とは一面識も無い間柄であったが、消防人の絆を強く感じとった。そして、三縞は「心配ない」の声に勇気をもらい、タラップを駈け上って操作台の前に立った。


「いい水が出てるぞ」

先端ノズルにセットしたカメラの画像は、暗闇のために操作盤には何も映り出されてはいない、三縞は操作レバーを握った。

「水がかかったら、原子炉が爆発しないだろうか？」

「その時の俺はどうなっているのか？」

一瞬ではあるが三縞の脳裏にかすめた。

「ザーザー」

頭上へ滝のような水しぶきが降ってきた。無意識に力んでしまいレバーを引き過ぎたのである。

「しまった、俺とした事が」

思わず声をあげ、レバーを戻したが、無蓋(むがい)の操作台では避けようがなく、水しぶきを全身に浴び、防護服のマスクが水滴で曇った。

「物には触れるな、水をかぶるな」の指示を守れなかった失態を悔いたが遅かった。

「線量は微量だ、心配ない、慌てるな」

鈴木隊長の声に、三縞は冷静さを取り戻し、真上の暗闇の中にそそり立つ三号機建屋を見上げた。

「大丈夫だ、お前なら出来る」と言って、自信をつけてくれた冨岡先遣隊長を思い出し、「よーし、やってやるぞ」と、日頃の訓練を積んだ自分の技量を信じ、ゆっくりとレバーを引いた。

「もっと右だ、右だ！」

「上だ、上だ！」

三縞の携帯無線に指示が飛んだ。

「よし、いいぞ、そこだ、完璧だ！」

髙山隊長の声が無線で聞こえる。

「いい水が出てるぞ」

喜々とした声が無線で流れてきた。

三号機建屋の上空に水蒸気が舞い上がっている。燃料プールに水が確実に入った事を確認できた瞬間であった。

「水が入った時に爆発が起きるのではないかと心配していたが、夜空に水蒸気が上がった時は、消防生活で一番に嬉しかった瞬間だった」と、髙山隊長は言う。

「隊員の被曝上限値を超えるのは覚悟していたが、『いい水が出ている』と言う無線情報を聞いた時は、涙が出た」と、鈴木測定隊長は言う。


「やったぜえ」

三縞は右胸の奥に忍ばせた携帯電話をそっと押さえた。

放射線に汚染された屈折放水塔車はこのまま現場に残され、廃車となる運命となる。三縞にとって苦労を共にした屈折放水塔車に惜別の念をこめて「後は頼む」とボンネットを撫ぜ、現場を後にした。

原発の正門から構外へ出た時に、三縞は後を振り返った。

照明車が照らすスポットライトに浮き上がった一筋の放水は、三縞には、多くの観衆に拍手される千両役者に見えた。

　正門で待機していた隊員達から歓喜の声が上がり、互いに抱き合い喜びを表している。「ホースを延ばす」、「ホースをつなぐ」、「梯子を延ばす」、「水を出す」。消防なら目をつぶっても出来る事が、こんなにも難しい事であったのか。命をかけて一つの事を成し遂げた後の喜び、日頃行っている訓練の意味、仲間とはこんなにもいいものなのか、出動に際し自分の心の支えになってくれた妻や両親らの心労にどう応えるべきか……と、隊員達は改めて自分自身に問いかけ、その答えを見出していた。そして、戦い抜いた隊員達は、人間の強さと弱さも知った。


　活動を終えた隊員達が正門から出ると除染隊が待ち構えていた。

　隊員の身に着けていた防火服や防護服を除染隊員が手際良く脱がし、除染を行った。着なれない防護服を脱ぎ終えた隊員達が、ホッと安堵する顔に戻ったが、隊員の中には激しい体力の消耗で体調不良を訴える者もいて、測定隊の隊長は「ついに被曝被害が出たのか？」と一瞬、体が凍りつく瞬間もあった。

　体力の限界まで死力を尽くした隊員達はマイクロバスに乗り込むと、急に睡魔に襲われた。二晩も寝る時間も無く、緊張の連続であった隊員には、日頃鍛えた頑強な体力の持ち主でも、もはや限界に達していた。

車内に乗り込み座席に座るなり、三縞は周囲の仲間を気にせず「あー」と、声をあげ大あくびをして、目を閉じた。

長い一日が終わった

午前〇時三〇分に、東京・大手町の東京消防庁の作戦室へ、「放水開始した」との情報が入った。

「ワー」

作戦室内に歓声が上がった。互いに握手し、肩をたたき合い喜びを分かち合う係員で作戦室は盛り上がった。


「全員が無事に仕事をやり遂げた事をご家族へ知らせてほしい」

報告を受けた新井雄二消防総監は担当者へ指示し、総監室へ一人で戻った。その時、全国の消防長から「東京だけに負担をかけては申し訳ない、我々も支援をしたい」と言った電話が来ていた。この全国からの支援の声に、新井は、どんなにか心なごみ、奮い立つ勇気を得たかは、はかり知れないものであったと言う。

新井は総監の椅子に深々と身を沈めるように座り、眼下に広がる東京の夜景を眺めた。そこは何事もなかったように、いつもの平穏な夜の都会を新井に見せていた。

「放水開始」の報は、隊員が全員無事で過酷な任務を終えた証である。新井はホッと安堵すると同時に、熱きものが胸にこみあげてくるのを禁じえなかった。

新井は目を瞬(まばた)かせながら、東京の夜景を見つめた。その先の東京の街は、新井には二重に見えていた。

新井総監にとって長い一日は終わったが、東京はまだ深い眠りの中にあった。

「ざまぁみろ」

粉雪まじりの寒風が舞うJヴィレッジの外に、一人の男が佇んでいた。

その男は、一枚の毛布を頭から覆った冨岡豊彦であった。

通信障害で、一向に現場からの情報が入らぬ消防前線基地となった情報通信工作車の車内から一人抜けだし、携帯電話で何人かの仲間へ電話を入れていたのである。幸いにも一本の電話がつながった。

「うまくいった。水蒸気が上がっている。部隊がそっちへ向かった」

冨岡は携帯電話で放水成功を初めて知った。

「ざまあみろ」

冨岡は腹の中で今までの鬱憤（うっぷん）を晴らしたのである。

偵察隊長として現場の状況を見てきた冨岡は、突入した隊員達の苦闘を知る一番の理解者でもある。偵察隊長として死闘を勝ち抜いた隊員達に、誰よりも先に「ありがとう、ご苦労さん」の声をかけたいと、冨岡は寒風の中で隊員達の到着を一人待ち続けた。

遠くヘッドライトが見え、冨岡は身にまとった毛布を取り、マイクロバスの到着を待った。バスは冨岡のすぐ近くで停車した。

勇んでドアーを開け、隊員達が飛びだして来ると想像したいたが、隊員達は降りてこない。不思議に思い、冨岡は自らバスのドアーを開けた。

「エッー」

冨岡は目を疑った。

座席にもたれる者、座席にうずくまる者、通路に横たえる者など、死力を尽くし、疲れ切った隊員達の、他人には見せたこのない寝姿がそこにあった。

一つの仕事を成し遂げ、緊張感から解放され、車内のほどよい暖房が隊員達に、楽しい家庭の団らんの夢を一時でも与えたのかも知れないと冨岡には思えた。

吹き込んだ冷たい風が隊員達の一時の夢から目覚めさせた。

冨岡は「着いたぞ、暖かいお茶とおむすびがあるぞ、みんな降りるんだ」と声をかけた。

隊員達は足を引きずりながら仮設テントへ向かった。

冨岡の先遣隊長としての任務は終えたが、福島の夜明けはまだ先であった。


一九日以降も、第二次派遣隊八隊が出動し、屈折式放水塔車の放水角度を固定しての無人放水を継続。応援隊の大阪、横浜、川崎、名古屋、京都、神戸の緊急消防援助隊と連携して、三月二三日までの放水が実施された。

一連の放水について、東京電力の事故調査委員会の報告書では次のように総括した。

「燃料プールへの対応に失敗すれば破局的な影響が懸念されたが、冷却の回復に成功した。災害のさらなる拡大を防止した点で極めて重要な分岐点だった」

新井雄治消防総監は記者のインタビューに次のように答えている。

「自衛隊ヘリコプターによる情報で、上空の放射線量が高い事が分かり、屈折式放水塔車の投入しかないと言う結論に至った。茨城県東海村のＪＯＣ臨界事故を受け、東京消防庁では放射線を遮る特殊災害対策車を一台導入していた。これを放水作業時にそばに置く事で、原子炉の再臨界などが起きても逃げられる可能性がある。放水を決断できたのは、こうした装備や準備のおかげだ。威勢よく「特攻」したのではない。

第一原発での活動が単に「良かった」と評価されるのは危険だ。今後、想定外の事故が起きた時に、安易に出動を迫られかねない。反省点を点検し、様々な事故に万全の備えをする必要性を痛感する」

福島第一原発での消防隊員の活動をカメラは捉えていた。

特災車に積載せれているビデオカメラと放射線量計を持って現場へ向かう隊員がいた。特殊災害の記録と併せ今後の消防活動の教育訓練教材などの内部資料として用意されていた一台のビデオカメラが、放射線測定隊員の手によって、福島第一原発での消防活動そのものの実態をあからさまに写しだしていた。今まで災害の最前線を映像記録として残されたものは数少ない。死と直面した知られざる消防士たちの、現場での生の声と姿を記録した貴重な資料といえる。

第十章　戦いすんで

深夜の記者会見

隊員達は前線指揮所のＪヴィレッジで除染を行った後、東京消防庁の防災アドバイサーの山口教授が待機している四倉分署へ行き、隊員一人ひとりの受けた被曝数量の判定を行った。

最も被曝を受けたのは、偵察隊として最初に現場へ入った三本部の隊長で、積算被曝二九ミリシーベルトであった。偵察隊として車両から降りて活動障害の調査を長時間行った事が影響したものと思われ、隊長はこの記録された個人線量計を今でも大切に保管していると言う。

ちなみに、政府は第一原発事故の発生直後に、緊急措置として原発で作業をする者の被ばく限度を累積一〇〇ミリシーベルトから二五〇ミリシーベルトに引き上げたが、放水の任務に当たった警察や消防は一〇〇ミリシーベルトとした。

被曝数量の判定を終えた隊員達は福島を離れ、家族が待つ東京へと向かった。

帰宅前に全員が、渋谷区の消防学校講堂に立ち寄り、最終の健康診断が行われ、一週間後に健診結果が出た。東京消防庁の活動時の被ばく限度量を超えた隊員は無く、全員がホッと一安心できたのであった。

佐藤警防部長が健康診断を終え、消防総監への帰庁報告を済ませたのは午後九時三〇分を過ぎていた。

「記者会見をお願いします」

広報課報道係長が警防部長室へ飛び込んできた。

「二二時三〇分に予定されてます」

佐藤部長には東京へ舞い戻っても、ホッと息を付く場所と時間は無かった。

東京消防庁の記者クラブ室には、テレビカメラが所せましと並び、取材記者で一杯となっていた。

東京消防庁の行った過去の緊急記者会見では、昭和三九年七月一四日の、消防隊員一八人、消防団員一人が殉職した東京品川区勝島の宝組勝島倉庫爆発火災。昭和五七年二月八日の、宿泊客三三人が死亡した東京千代田区永田町のホテル・ニュージャパン火災に次ぐ大記者団が押しかける記者会見となった。

佐藤部長と冨岡・髙山の両隊長がクラブ室へ入ると一斉にフラッシュがたかれ、テレビカメラのライトがまぶしく照らした。

緊張気味の佐藤部長が福島第一原発の構内図を片手に、消防部隊の突入から説明に入り、スーパーポンパーの海岸までの経路と、重さ一〇〇キロのホースを放射線量の被曝危険が高く、足場の悪い場所での困難な活動状況と経過を説明。屈折放水塔車の原子炉建屋への放水が命中した瞬間に至るまで、命がけの消防活動を身振り手振りしながらふり返り、分かりやすく説明した。

記者団の質問に、佐藤部長は「見えない敵と戦う」怖さを語り、妻から「日本の救世主になってください」とメールが届いていたと内輪話をも語った。

記者から「大変だった事は何か」の問いが、冨岡と高山両隊長へ向けられた。

冨岡はマイクを握りしめ、しばし絶句。頬が引きつり、目がうるんできた。そして、言葉をふり絞るように「隊員は士気が高かった、一生懸命にやってくれた。残された家族には、お礼とお詫びを申し上げたい」と、決死の活動を見事に果たした隊員と、隊員の心の支えとなった家族への感謝を述べた。

フラッシュがたかれ、テレビライトが冨岡へ向けられていた。冨岡は自宅で出動命令を受け、「行ってくるぞ」と言った時、無言で堪えていた妻の心情を察し「それでも行かない方がいい」と、父冨岡へ言葉を返した一五歳の長男拓哉の母親への思いやる気持ちを思い出し、拓哉と妻への感謝とお礼の意味を伝えたかったのかも知れない。

髙山は「目に見えぬ敵と戦う恐怖心があった。いかにして隊員を短時間内で活動を終えさせるかが心配であった。仲間からのバックアップがあったからこそ、任務を完遂できたと思う」と、陰の支援隊員であった放射線測定隊の存在に感謝の意を示した。

「今は、ゆっくりと眠りたい」

隊員達と同じ思いを三人は口を揃えて言った。

先に帰宅した隊員達も、一家団欒の喜びに浸っている頃だろうと、やっと休息の時間を得た三人は喜びを分かち合っていた。

三人が記者会見を終えて家族の待つ自宅へ帰れたのは、二〇日の午前一時を過ぎていた。

やっと一つの任務を果たしたと言う安堵感から疲労感が襲ってきた。

出動隊員の多くが帰宅後に一か月ほど体調不良に陥った。「燃え尽き症候群」と言う症状が出たのである。

大きな仕事を成し遂げた後に、疲労感や無気力など、エネルギッシュに溢れていた今までの情熱や熱意が失せ、徒労感や欲求不足などのストレスが隊員の心身をむしばんでいた。責任感が人一倍強く、一見頑強に見える人こそ、弱さを見せまいと我慢をして、ストレスが溜まると言われる。

迅速果敢な行動力と類まれな精神力を兼ね備え、常に衆目されているハイパーレスキュー隊員は「燃え尽き症候群」に陥り易いと言う。このストレスから隊員を解放させたのは、仲間との変わらぬ信頼感であり、暖かい家族愛にあった。

三・一一のプレゼント

終電も終わった深夜、髙山は行き交う車も少なくなった道を、東京・あきる野市へ向けて車を飛ばした。

ポツンと灯りがこぼれる一軒の家がある、久しぶりに見る我が家があった。車が止まる音が合図のように妻啓子が玄関から飛び出してきた。

「ご苦労様でした」

啓子は深々と頭を下げて夫を出迎えた。

「ただいま、疲れたよ」

髙山の第一声は素っ気なかったが、いつもと変わりない夫の姿にホッと安堵し、啓子は満面の笑顔で迎えた。

食卓には、妻啓子の自慢の手作りの料理が並び、一輪の花が添えられていた。

「アッ、忘れていた結婚記念日」

食卓に飾られた一輪の花が、髙山に記念日を思い出させ、髙山は頭をかいた。

髙山が無事に帰ってきた事が、妻への最高の結婚記念プレゼントであったのだ、妻啓子と二人の笑い声が漏れていた。

髙山にも定年退職と言う日が迫ってきていた。髙山は妻への感謝の退職祝いプレゼント旅行を「今度こそは」と、心に秘め、その日を楽しみに思い描いた。

生きて帰れて良かった

夜一一時、三縞は東京・羽村市の自宅へ帰った。

玄関を開けて三縞を待っていた長女彩栄（さえ）ちゃん（一・五歳）が、駈け出してきて、三縞の胸に飛び込んできた。三縞は小さい体をしっかりと抱きしめた。彩栄ちゃんは三縞の胸の顔を埋め、小さい体をゆすりながら声を上げて泣いた。三縞の目から涙がこぼれた。弱音をけっして見せなかった妻和美も目頭を押さえていた。

生きて帰れた喜び、「本当の幸せ」を実感した瞬間であったと、三縞はこの時の事を回顧した。

食卓に御馳走が並んでいた。あまりアルコールをたしまない似た者夫婦の遅い夕食で、晩酌をした事のない三縞家の食卓に缶ビールがのっていた。妻和美の夫へのささやかな気持ちをビールに託していた。

二人は乾杯をした、「うめエー。」と三縞は声をあげ、二人は爆笑した。

携帯電話には消防の仲間からの激励のメールが届いていた、父と妹からのもある。

「でかした、ごくろうさん。留守を守った和美さんを労われよ」と父から。「無事で良かった。もう行かないで。和美お姉さんを大切にネ」と、妹からのメールを二人は苦笑しながらビールのほろ苦さを味え合った。三縞の膝の上には、すやすやと寝息をあげる彩栄ちゃんの寝顔があった。

この年の九月に、三縞家に次女里彩（りさ）ちゃんが誕生した。

「いつか二人は親元から離れて行く、それまで自分達夫婦は頑張って生きて行く」と一家の大黒柱の三縞は言い、妻和美は夫の顔を見上げ頷いた

母からの手紙

福島第一原発へ出動した消防士へ送った母親の手紙が、福島猪苗代町の母から子への手紙コンテストの大賞に輝いた。

猪苗代町絆づくり実行員会は毎年、母から子への手紙コンテストを実施しており、一〇

回目のコンテストで、福島市の菊地孝子さんが、東京消防庁に勤務する長男が福島第一原発事故現場へ出動した事を手紙にしたため応募したものが、応募数一八二八点の中から大賞を勝ち取った。

「厳しい現場の最前線で働く子供の事を考えると冷静ではいられないはず、心情を淡々とつづった文章は素晴らしい」と審査員は講評した。

大賞に輝いた福島市の受賞作を次の通り。

「お母さん、行って来るからとの一報を受けた時は真っ白になった。あまりにも唐突で、気持ちの整理もままならぬ中、頑張ってきなさいと言うしかなかった。本当は放射能の中へなんてありえない。やめてと叫びそうだった。東京消防庁への道を選んだ時、反対しておけば良かったとさえ思った。これって、お母さんのエゴなのでしょうか。

テレビに釘付けの一日の何と長い事。無事である事を祈るばかり。そう言えば健はどら焼きが好きだった。忙しくてしっかり抱っこもしてやれなかった等、遠い昔のたわいもない事がどんどん駆け抜けて行った。

「ミッション達成」のメールが届いた時は涙がでてしまった。二〇ミリシーベルトの放射能を浴び、決死の覚悟で任務に挑んできた一員として、自信にあふれたあなたの姿こそ、お母さんの誇り、お疲れ様でした。」

（追伸）浴びるほど飲ませっつお、待ってろ、ってお父さん言ってた。（原文のまま）

都知事の涙

「よく、やってくれた」

東京都知事石原慎太郎は新井消防総監からの報告を受け、喜びをあらわにした。

「皆に感謝したい、帰京早々で疲れているところだろうが、申し訳ないが一同集まる機会をつくってくれぬか」との願望を示した。

東京消防庁は、都知事の最たる願望に応え「活動報告会」として、帰京の翌日、二一日に、一一五人のハイパーレスキュー隊員達は、東京都渋谷区の消防学校講堂にある「顕彰碑」に「無事に職務を終えた」事を報告し、黙とうをした。

そして、消防学校講堂に集合した隊員達を前に、壇上に上がった石原知事は、整列するレスキュー隊員達を感慨深げにゆっくりと見渡し、佐藤警防部長からの活動報告を受けた。

「みなさんの家族や奥さんにすまないと思う。もう言葉になりません。ほんとうにありがとうございました」と、石原都知事は声をつまらせ、涙を隠さず、深々と頭をさげ、礼の言葉を述べた。

微動だにしない一一五人の隊員。シーンと静まりかえった広い会場。そこには普段は見せない石原都知事の素顔があった。

被曝覚悟で見えない敵と戦った活動には「まさに命がけの国運を左右する戦い。生命を賭して頑張っていただいたおかげで、大惨事になる可能性が軽減された」と絶賛した。

「このすさんだ日本で、人間の連帯はありがたい。日本人はまだまだ捨てたもんじゃないと言う事を示してくれた。これをふまえて、この国を立て直さなければいかん」と、声を震わせた。

「あの強気の都知事が涙を流して礼をいってくれた、感動しました」

「上から目線の多い社会の中で、われわれを理解してくれた事が今後の励みになった」

隊員達から声があがっていた。

都知事の怒りの抗議

「言う通りやらないと処分するぞ」

福島原発への放水作業をめぐり、作戦変更で再検討のために一時、現場から引揚げた事に対して、政府側から消防隊に恫喝まがりの処分発言があったとして、石原知事は怒り、二一日に菅首相へ厳重抗議をした。以下、新聞記事のよると。
石原知事は菅首相へ「隊員はみんな命がけで行い、許容以上の放射能をあびた。そうい
う事情も知らずに、離れたところにいる指揮官は誰か知らないが、そんなバカな事を言う
のがいたら戦にならない。絶対にそんな事を言わないでくれ」と言っておいたと述べ、
菅首相は「大変申し訳ない」と陳謝したと語った。
石原知事は「処分すると言う言葉に隊員は愕然とした」とも述べた。
二一日の夕方、官房長官の記者会見で、政府高官の処分発言に対し「菅直人首相は、事
実関係を把握して、善処が必要ならば政府として対処する」と語った。
菅首相は石原都知事の抗議に対し、政府の緊急災害対策本部と原子力災害対策本部の合
同会議で「消防は国直属の機関でなく、自治体や消防職員のボランティア精神で応援に駆
け付けてくれた。命をかけて日本や国民を救うために努力された事が、少しずついい方向
に進む大きな力になっている。都知事には私から改めてお礼を申し上げた」と消防活動を
称賛したが、知事からの抗議には触れなかった。
処分発言者とされた経済産業大臣は「私の発言で消防関係者が不快な思いをされたと言
う事であれば、お詫び申し上げます」と謝罪したが、「私が直接、現場で話したのではな
い」と、事実については明らかにしていない。

大臣を辞めた後に「消防は何度も行って、途中で戻ってきたりした。もっと頑張ってもらいたかったと言う思いはある」と新聞記者に語っている。「権威を嵩（かさ）にした暴君だ……」

多くの人が処分発言者といわれる元大臣を非難した。

放水はセミの小便

政府の「福嶋原発事故調査検討委員会」で、福島第一原発の現場で指揮をしていた吉田昌郎所長の聞き取り調査をまとめた「吉田調査」が公表された。

三月一七日の自衛隊ヘリの上空からの三〇トン放水、それに警視庁と自衛隊の高圧放水車による放水を吉田所長は「セミの小便みたい」と述べた。

原発事故で現場での全責任を一手に負わされ、東電本社や政府からは、上から目線での無理難題を押し付けられたその当てつけの反発感情が「セミの小便」発言になったと吉田調書からは伺えられる。

自衛隊や警視庁等（消防庁も含まれる）の人をどう感じるかの問いに。

「各組織によって違う。指揮命令系統も各々違う。出動すると言っても中々出動しない。途中で引き返すし、何やってんだと言う感じでした」

自衛隊ヘリ、警視庁の高圧放水車、消防庁の注水の中で、良かったもの、ダメだったのかの問いに。

「機動隊は最初に来てもらったが、余り役に立たなかった。要するに効果ナシ。水が入ってなかった」

消防庁は効いていたのかの問いに。

「全く効いていない。ヘリも自衛隊も効いていない」と述べている。

この調書を見た消防庁長官は著書（我、かく闘えり）の中で次のように記述している。

――公表された政府の「使用済燃料プールの冷却状況」と言う資料では、消防隊による放水量は、三月一九日から三月二五日午後に至るまで五回にわたる出動で合計四、二二七トンの大量に及んだ事が明記されており、コンクリート車による真水注水が可能になるまでの危機的状況を救った事が明らかではないか。

東京消防庁を始めとする大都市消防の隊員たちは、自らの所属する消防本部とは何の関係もないこの福島の地で、被ばくしながら一週間以上にわたって連携した困難な活動を続けたのであり、万が一効果が無かったと言うのなら、何故その時点で指摘されなかったのか。全く無責任とも思える発言であり、憤懣遣る方ない思いいっぱいである。

新井総監は、「自衛隊ヘリからの散水や自衛隊・警察の陸上放水のお蔭で、空中の放射線濃度が下がり、消防が活動しやすくなった」と述べておられる。自衛隊や警察の救助隊員の方々の活動も一定の効果があった事は間違いないであろう。――

「隊長は免震重要棟にはほとんど来られない……」

「吉田調査」では「放水はセミの小便」の他に「線量の高い所に来るのは、みんな嫌いなんです。特に消防庁は……」と述べ、消防隊が放射線被曝を恐れて、免震重要棟へ来られなかったかのような理由を述べてもいた。

東京消防庁が免震重要棟の存在を知ったのは、原子炉への最初の放水を終えた後の事であった。事前にその存在を知っていれば、東京の消防本部との迅速的確な情報連絡が行われ、Ｊヴレッジへ引き返して作戦の練り直しなどの必要も無く、隊員の安全管理にもより安全性に寄与できたと言える。

最前戦指揮所として最たる免震重要棟の情報を活動部隊である消防機関へ知らせなかった事を問題視した、東京消防庁と横浜、川崎の両消防局は、消防庁を通じて抗議と説明を総務大臣へ求めた。総務大臣は参議院総務委員会で、東電の不手際に「憤慨の意」を示し、後日、東京電力社長からの謝罪が伝えられた。

福島第一原発事故では「情報の共有」の欠陥が至るところで暴露されたのである。

フクシマの英雄たち

日本国内で、「消防放水は効果ナシ」とか「言う通りやらないと処分するぞ」などの発言問題があったが、平成二三年一〇月二一日、スペインで最も権威ある賞として知られるアストゥリアス皇太子賞（共存共栄賞）に、福島第一原発事故に対応した「フクシマの英雄たち」が選ばれ、その授与式がスペイン国で挙行された。

授与式には、消防関係者を代表して東京消防庁消防救助機動部隊の冨岡豊彦統括隊長、他に警察庁及び防衛庁から各二名が出席し、賞状と盾を授与された。

盾には「アストゥリアス市民に代わり、アストゥリアス公国州議会は、平成二三年三月に発生した津波による悲惨な状況を被った日本国の市民の苦しみを共に分かち合う事を表明すると共に、アストゥリアス皇太子賞・共存共栄賞の受章に値する「フクシマの英雄たち」の模範的な行動を高く評価し、業務の遂行に際しその無限の勇敢さと比類なき利他(りた)心、そして最善の人間的精神を世界中に示した」と記されていた。

私たちはヒーローではない

「私達はヒーローではない」

福島第一原発の放水活動に当たった隊員のインタビュー記事があった。

「カミさんも、お疲れ様でしたと、だけ声をかけてくれた。消防官の妻はみんなそんなもんです」と微笑み、そして取材記者に「自分達はヒーローではない。現場で今も活躍している自衛官や警察官、東電の社員の事を忘れないでほしい」と、黙々と、光の当たらぬ場所で任務に励んでいる人々へ、光を当てて欲しいと注文を付けていた。「勇者は勇者を敬う」と賢者が言った言葉を思い出させる記事であった。


当時、東京消防庁警防部の救助課長として福島第一原発へ出動し、現場指揮本部の任務に当たった松井昌範も私記に「現場で活動した人は、名声のためやヒーローになるために現場へ行ったのではない。そんな気持ちで行くのなら、初めから活動は辞退させていただいた……。原子炉への放水を行う事ができたのは、隊員の自負心と都民、国民を守ると言う消防精紳の現れだと思う」と書き記している。

さらに松井は、自衛隊と警察の活動が、消防が行った放水の成功に導いてくれたと語る。

自衛隊と警察は、ともに現有する資機材、車両、航空機などで何が出来るのか。どこまで接近できるのか。隊員の安全管理は何がベターなのかなど、後に続く消防部隊に多くの事を教えてくれたと言う。そして、指揮系統が乱れ「放水が先か、電源復旧が先か」の決定も遅れ、活動決行に矛盾があった事の反省点を松井は指摘している。

松井は最後に「ヒーローになるために活動したのではない事を伝えたかった」と私記を締めくくった。

消防の使命は何なのか

地震発生で原子炉の安全装置が作動して原子炉は自動的に稼働を停止した。だが次いで襲って来た津波で全電源が喪失して、福島第一原発は大量の放射性物質を放出する惨事となった。

東電は、電源が停止しても短時間で復旧して事故は収束できるものとして、原子炉の単独事故を想定した事故対策を行っていた。だが、次から次と連鎖的に原子炉の爆発等の事故が続く「連鎖災害」については想定をしてはいなかった。そのために、後手後手の対応に追われ原子炉の暴走を許す結果になった。正に「連鎖災害」は想定外であったのである。

事故の暴走を止められなかったもう一つの要因は、「情報共有の欠如」にあった。

危機対応にあたる組織には、リーダーと現場が刻々と変化する情報を共有し、指示命令系統が円滑かつ適切に行われなければならない。

福島第一原発事故では、停電と電波障害などで各種通信機能はマヒする影響もあったが、限られた情報で、東電の現地と本社間、さらに東電、官邸、保安院、政府機関などで「情報共有の欠如」が生じていた。消防隊の出動要請や原子炉への放水活動に当たっても情報の欠如で活動に支障が生じた。


福島第一原発での「いざと言う時」の全ての対応は、平成一一年の茨城県東海村で起きたＪＯＣ臨界事故を契機でつくられた「原子力災害対策特別措置法」（原災法）が唯一の法律であった。大地震と大津波、そして原発事故の連鎖災害が、同時に起きる事は、原災法は想定していない。地方自治体の消防隊が原発事故へ応援出動をする事も原災法は想定をしていない。

消防の使命は何なのか。福島第一原発事故は問いかけていた。

消防組織法第一条は「消防は……水火災又は地震等の災害を防除し、及びこれらの災害による被害を軽減する……」事を任務としている。災害全般にわたる広範に対応ことが消防の任務である事を明言している。

平成一六年の国民保護法による消防の活動は、従来の消防の概念を越えた新たな使命であるが、一方で、日常化しつつある多様な災害等で、豪雪時の除雪作業、独居老人宅の雪下ろし、火山災害時の降灰除去作業、鳥インフルエンザの埋設処分などは、消防の任務なのか……、改めて検証すべき問題の一つでもある。

「わが町を守る」の消防は典型的な地方自治事務である。だが、災害の多様化に伴う消防行政の広域化が進むにつれ、各地域の消防本部同志の消防相互応援体制の整備が図られてきた。

平成の時代に入り一層の消防応援体制が進み、緊急消防援助隊ついては、阪神・淡路大震災の教訓から平成一五年に法制化され、出動についても消防庁長官に要請から指示権が与えられるなどその運用が図られてきた。

さらに、平成一六年には有事法制の一環とした国民保護法は、武力攻撃災害での消防に関して、消防庁長官に知事や市町村長への指示権が与えられ、有事の際の消防活動は自治事務であるとされている緊急消防援助隊とは異なる、国からの法定受託事務とされた。しかし、この場合でも消防機関が国の機関になったのでは無く、消防はあくまでも地方自治体の機関の地位にある。

米国の連邦緊急事態管理庁では、非常時にはニューヨーク市などの消防隊員の身分が一時的に連邦政府の職員になる制度がある。これを参考にした今回の、福島第一原発事故を契機に緊急消防援助隊への国の関与を強化すべしと言う議論が起きている。

大都市消防の指揮支援部隊を消防庁の直轄部隊にするとか、国策として消防庁長官の指示で出動した隊員は、出動期間中は国家公務員に併任するなどが論議されている。だが、一向に、いまだその論議の先は見えてこない。

福島第一原発事故では「原子力災害対策特別措置法」に基づく対応は十分であったのか。

自衛隊は、従来の「災害派遣」とは別に「原子力災害派遣」が自衛隊法に明記された。だが消防は、原子炉冷却のための放水は「消防の任務であるのかと」いう疑問が残った。消防の任務であるとならば、それなりの明確な根拠を法令に明記すべきだはないか。

消防庁を始め各消防機関でも「消防の原子力災害派遣」の賛否を含め議論はされているが、いまだ何ら、その答えはない。

「絶対安全」と言う言葉は、危険が潜む言葉に聞こえる。

おわりに

「私達をヒーローにしないで欲しい」

　見えない放射能と死闘した消防官は言い切った。

「行かないでいいなら、行かなかった」

一〇人中の一〇人が、行きたくはなかったと、本音を語った。

「本当に、我々が行かなくては、いけなかったのか」

後輩達の声に、私には、何も返す言葉がなかった。


「踏切事故で助けに入った人が電車にはねられ死亡」

「溺れる人を救いにいった人が行方不明に」

痛ましい惨事を、新聞やテレビのニュースで知る。身命を賭した、その人の行動を、崇高な行為と人は称した。異論をはさむ余地は無い。だが、なぜか私には、言いようのない虚しさが残る。

　3・11東日本大震災では、消防職、団員からも多くの殉職者を出した。

「なぜ、人のために命を賭けるのか」

平成七年の地下鉄サリン事件以来、消防職を辞してからも、未だに自分自身、この問いに明解を見いだせずにいる。

「消防の使命とはいかなるものか」

その消防の使命をどこまで、どのようにして、果たすべきなのか。

この問題は、3・11東日本大震災と同じに、避けて通れない重い課題として消防隊員に問いかけている。

3・11東日本大震災から一〇年、東京消防庁では、未曾有の大震災害を経験した隊員を含め、約五〇〇〇名の職員が定年退職をしたと聞く。地下鉄サリン事件と東日本大震災を経験した隊員は少なくなり、いずれもいつかは風化されていくのであろう。

そんな思いを抱きつつ、サリン事件や東日本大震災を風化させてはならないと意を強く持ち、パソコンを閉じた次第だ。

なお、本書の出版にあたり、東京消防庁広報課の皆様をはじめ多くの方々の温かいご協力をいただき、加えて叱咤激励をしていただいた元「年少消防官」であった東京消防庁OBで元千葉県習志野市議会の加瀬勇氏、同東京消防庁OBで㈲モガミファィヤー21社長の森公二氏、㈲渡辺防災設備社長の渡辺瑞夫氏に厚くお礼申し上げます。そして、出版を快諾してくれた近代消防社社長の三井栄志氏と拙稿を微に入り細にわたり校閲して頂いた家氏千里氏に心から感謝を申し上げます。

令和三年二月

中澤　昭

「参考資料」

メルトダウン・（講談社）

死の淵を見た男・（ＰＨＰ研究所）

なぜ、その決断はできたのか・（中央経済社）

東京消防（特集号）・（東京消防協会）

我、かく闘えり・（近代消防社）

朝日、読売、毎日、サンケイ、東京、各新聞

《著者紹介》

中澤　昭（なかざわ　あきら）

一九三七年　東京都板橋区生まれる。
　　　　　　法政大学法学部卒業
一九五六年　東京消防庁採用。金町、石神井、荒川、杉並、
　　　　　　志村各消防署長を歴任。
一九九七年　東京消防庁を退任

主な著書

「消防の広報」　(財)全国消防協会
一一九番ヒューマンドキュメント「生きてくれ！」　（NTTメディアコープ）
一一九番ヒューマンドキュメント「救急現場の光と陰」　（近代消防社）
「東京が戦場になった日」―なぜ、多くの犠牲者をだしたのか！若き消防戦士と空襲火災記録―　（近代消防社）
「9・11、JAPAN」―ニューヨーク・グラウンド・ゼロに駆けつけた日本消防士11人　（近代消防社）
「9・11グラウンド・ゼロにはせ参じたサムライがいた」　（諸君／文芸春秋社）
「なぜ、人のために命を賭けるのか」―消防士の決断―　（近代消防社）
「暗くなった朝」―3・20地下鉄サリン事件―　（近代消防社）
「激動の昭和を突っ走った消防広報の鬼」―おふくろさんから学んだ広報の心―　（近代消防社）
皇居炎上―なぜ、多くの殉職者をだしたのか―　（近代消防社）

行くな、行けば死ぬぞ！

―福島原発と消防隊の死闘―

令和三年三月六日　第一刷発行

著　者―中澤昭　©二〇二一

発行者―三井　栄志

発行所―近代消防社

〒一〇五―〇〇二一
東京都港区東新橋一ノ一ノ一九（ヤクルト本社ビル内）
TEL　〇三―五九六二―八八三一
FAX　〇三―五九六二―八八三五
URL=https://www.ff-inc.co.jp
E-mail=kinshou@ff-inc.co.jp
振替=〇〇一八〇―五―一一八五

印刷―長野印刷商工

検印廃止　Printed in Japan
落丁本・乱丁本はお取り替えいたします。
ISBN978-4-421-00946-0　C0030　定価はカバーに表示してあります。